在青春中养成 在时间里沉淀

好习惯成就完美人生

主编 拾月
编著 冯雪

图书在版编目（CIP）数据

在青春中养成　在时间里沉淀：好习惯成就完美人生 / 冯雪编著. -- 北京：现代出版社, 2015.4（2024.12重印）
ISBN 978-7-5143-3492-0

Ⅰ. ①在… Ⅱ. ①冯… Ⅲ. ①习惯性－能力培养－青少年读物 Ⅳ. ①B842.6-49

中国版本图书馆 CIP 数据核字(2015)第 067761 号

在青春中养成　在时间里沉淀：好习惯成就完美人生

主　　编　拾　月
编　　著　冯　雪
责任编辑　王敬一
内文制作　诚美天下文化传播有限公司
出版发行　现代出版社
地　　址　北京朝阳区安外安华里 504 号
邮　　编　100011
电　　话　（010）64267325
传　　真　（010）64245264
邮　　箱　xiandai@cnpitc.com.cn
网　　址　www.1980xd.com
印　　刷　唐山富达印务有限公司
开　　本　700mmx1000mm　1/16
印　　张　9
版　　次　2015 年 5 月第 1 版　2024 年 12 月第 4 次印刷
书　　号　ISBN 978-7-5143-3492-0
定　　价　57.00 元

前言

青少年是社会的宝贵财富，是人类的希望和未来，正所谓“少年强则国强”。为此，大至一个国家、一个民族，小至一个家族、一个家庭，都特别重视青少年的教育问题。希望他们成为社会的中坚，家族的骄傲。一句话，就是希望他们成为成功的人。于国，能成为有用的人才；于家，能成为顶梁柱。不仅仅要学习好，还要有辨别人世间善、恶、美、丑的能力。在每个人的人生中，除了需要自身的因素之外，还需要拥有感受世界的能力。

思路、细节，能够丰富大脑容量，完善行为举止，让青少年变得愈加稳重大方。

口才、谈判，能够练就舌战群雄的能力，凭借一张巧嘴，也能走遍天下。

习惯、能量，能够端正青少年人生态度，获得积极向上的正能量。

决策、执行，能够清晰目标，果断解决问题，让人生不在纠结、忧郁中度过。

人脉、创新，能够体会到人和的力量，让生命更具新鲜感。

青春，是人最美好的一段时光，也是人格、性格定型的重要阶段，在这个时期，我们需要享受青春的快乐，同时也需要完成自我塑造。通过心理自助，最终从一个小男生、小女生逐渐成长为一个有着健全人格的人，成长为一个对社会、对家庭、对自我有着相对完整认知的人，成长为能够为自己的未来做主的人。这才是一个充实、有价值的青春。每个梦想都值得我们认真对待，每个青少年都是未来的希望。在青春中我们不仅要有欢乐，同时也要拥有未来！

本丛书是你化解烦恼的“心灵鸡汤”，可以给你快乐的心理自助；本丛书会让你认识到：掌控心理，方能掌控世界；改变自己，才能改变一切。本丛书还将告诉你：只有实现积极的心理自助，才能收获快乐而充实的青春。

目录

第一篇 好习惯 时刻补充人生正能量

第二篇 三分努力加七分坚持等于一个好习惯

第三篇 踏上成功路的锦囊妙计

目录

第四篇 生活道路上的情绪风向标

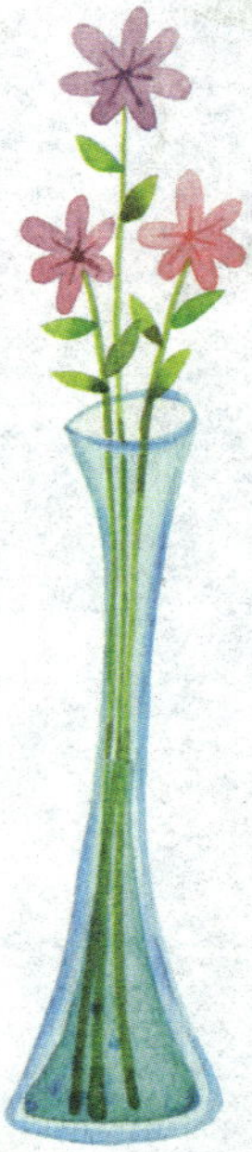

第五篇 习惯如我 在挫折中学会成长

第一篇

好习惯 时刻补充人生正能量

一个良好的习惯，不仅能够让我们的生活、学习、事业都变得井井有条，更能够让我们在人生之中，收获习惯带给我们的正能量。好的学习习惯，能够让我们在学习的过程中事半功倍；好的人生习惯，能够让我们在塑造性格的时候更加完善自我；好的生活习惯，能够让我们的人生之旅变得更加轻松。好习惯，是我们每个人都需要的。

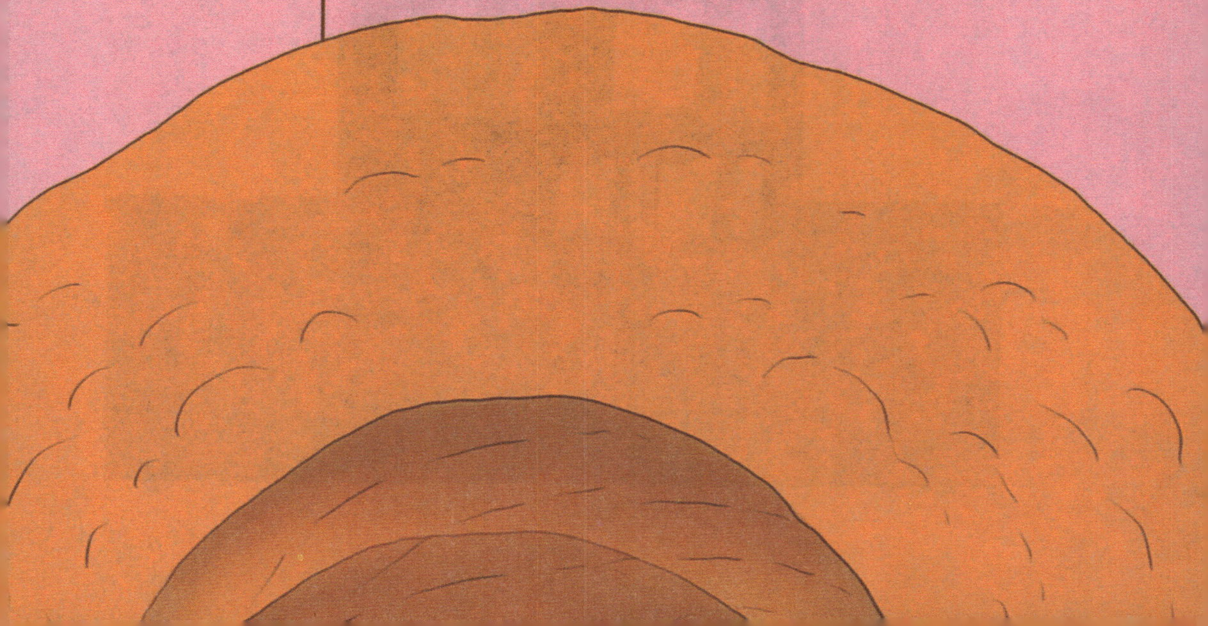

学生生涯的隐形窍门

故事话题

我国当代著名作家成仿吾，从小就养成了学习的好习惯。他从四岁开始学习认字，每天清晨天刚蒙蒙亮的时候，他就起床开始读书了，早饭之后开始练习写字、写作。

到了八岁那一年，他进入私塾里读书，私塾距离他的家有八十多公里。很多小孩子都因为想家开始大哭大闹，甚至因此影响了读书的情绪，但是成仿吾却将思乡之情全部压抑在心中，按照小时候养成的好习惯用功读书。在全班七八十个学生之中，成仿吾是年纪最小的，却是成绩最突出的。这都和他学习的好习惯有着密不可分的关系。

后来，成仿吾的母亲病逝，他的兄长成劭吾决定带着他去日本留学。可是在此之前，他必须攻克语言这道难关，此前他从来没有接触过日语。为了能够尽量掌握这门语言，每天必须背熟 100 个外语单词。就这样，不到一年的时间里，他完全掌握了日语，无论是读、写，还是日常生活里的口语，他都应对自如。

掌握了这种学习方法，再加上良好的学习习惯，在短短几年的时间里，成仿吾攻克了日、英、俄、法、德五种语言。就连文学家郭沫若先生都评价成仿吾说："他很有语学上的天才，他对于外国语的记忆力实在有点惊人……他到日本时年纪很小，但他对于中国的旧文献也很有些涉猎。我们在冈山同住的时候，时常听见他暗诵出不少诗词。这也是使我出乎意外的事。"

故事解析

一个良好的学习习惯，不仅能够让我们在短时间内便掌握知识的精髓，更能够形成一种惯性。19 世纪的心理学家威廉·詹姆斯说：“从早上起床到晚上就寝，我们一天之内的 99%的动作都是纯粹的、下意识的、习惯性的行为，比如穿衣、吃饭、跳舞，乃至日常谈话的大部分方式，都是通过不断重复的、条件反射行为固定的、千篇一律的东西。”

习惯，能够成为生活之中最具潜能的一种机动，它蕴含着巨大的能量。就好比成仿吾，他从小养成的读书习惯，在我们眼中看来，并不是多么困难的事情。可是经过长时间的积累，这些举动成了他学习生涯里的一种习惯，并且促使他获得最终的成功。

在学生时代时，我们常常能够听到这样一些话，或者是老师、或者是家长，让我们养成学习的好习惯。好习惯的养成，能够帮助我们将很多事情变得有条不紊，能够让我们更加合理地利用时间，能够让我们提高自己的学习效率。

当然，好习惯并非是一朝一夕就能够养成的，而是需要长时间的积累。任何一个行为，只要长期的、不断地重复，就会演变成为一种习惯。所以在学习过程中，养成好习惯是非常重要的。

故事穿越

周恩来总理在读书时代，功课非常好，尤其是作文课，写得又快又好。每次老师布置完了当堂需要完成的功课之后，其他同学还在写作文的时候，周恩来就已经交卷，收拾好去图书馆继续看书去了。

同学们对周恩来能够如此迅速写完都感到非常吃惊，甚至质疑过周恩来是不是提早知道了作文题目。但是老师拿出了一个厚厚的笔记让大家传阅。

原来这本厚厚的笔记正是周恩来平时到图书馆看书时候的读书笔记，每当他看书读报的时候，都会写下自己的读后感和名句、佳句摘抄，内容非常丰富。同学们看完之后，这才发现，原来周恩来能够又快又好地完成作文课题，并非是提前知道作文题目，而是因为他有一个非常良好的习惯。

老师就对同学们说道：“冰冻三尺，非一日之寒；百尺之井，非一日掘成。只有拥有良好的学习习惯，就如同周恩来那样，为了写好作文，在平时注意积累，到了关键时刻，才能有好的成绩。”

故事微语

时间对于每个人都是公平的，无论你是贫穷、还是富足，没有人能够改变时间的分配。那么，如何能够在有限的时间内提高自己的学习效率、如何能够让自己掌握更多的知识呢？除了努力之外，我们更应该注意培养出一个良好的学习习惯。

周恩来在学习写作的过程中，是通过做读书笔记这个习惯为自己积累知识的。这里并非是其他同学不阅读，也不是其他同学不懂得通过知识积累来提高自己的作文水平，但是他们都没有做读书笔记的这个习惯。

在现实生活中，我们同样要面临这样的问题，但是这和我们是否还是学生、或者是否还在学习作文无关。无论我们从事哪一种职业，所谓活到老、学到老，要与时俱进地为自己多多吸收知识，而这一切都和习惯有关。

当我们习惯性地去阅读好书、新书，那就不会因为知识的局限而止步不前。

当我们习惯性地去接收更多的专业知识，那就不会因为已经毕业许久而无法再提高自己的专业素养。

所以，习惯在我们的学习过程中扮演着非常重要的角色，并且能够发挥出非常巨大的潜能。

心灵箴言

习惯能造就第二天性。

——[古罗马] 西塞罗

少成若天性，习惯如自然。

——孔子

孩子成功教育从好习惯培养开始。

——巴金

事实上一切教育归根结蒂都是为了培养人的良好习惯。

——[英] 洛克

成功人生的必备条件

故事话题

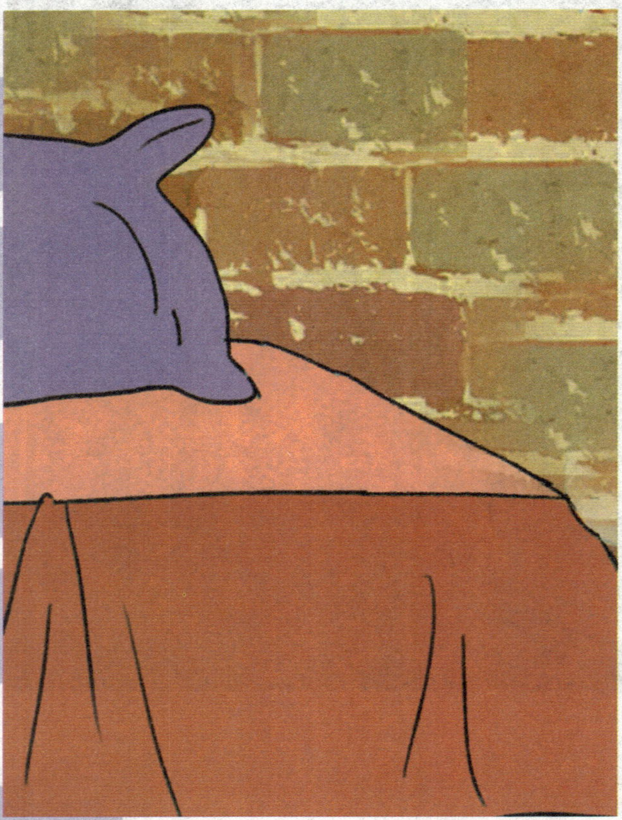

18 世纪美国最伟大的科学家和发明家，著名的政治家、外交家、文学家、哲学家和航海家以及美国独立战争的伟大领袖本杰明•富兰克林一直都有这样一个习惯：

每天晚上，在上床睡觉之前，他都会非常努力将这一天发生的事情、他做过的事情、他应该做但是没有来得及做的事情通通在脑海中回想一遍，并且要在笔记本上记录下来，这一天的收获都有什么、还有什么欠缺，明日应该做些什么。

这个习惯看起来有点类似于我们现在的日程表。有一天，富兰克林回顾了自己这段时间的日程，突然发现他犯了 13 处很严重的错误，其中最让他介怀的就是——浪费时间、为小事烦恼、和别人争论冲突。他非常清醒地意识到，如果不能将这三个缺点逐一改正，那么他这一生都很难有所作为。

后来他又改变了自己的习惯，不仅仅在每天结束的时候，仔细回想这一天发生的事情，同时针对这 13 条缺点，每一周选择其中一个缺点作为克服的对象，并且把每天的成功失败都记录下来。第二周，再选择一个新的缺点来克服，周而复始。经过两年多的时间，富兰克林终于克服了这些坏习惯，并且在自己的生活中养成了许多有助于自己工作的好习惯。

故事解析

在我们的人生之中，好习惯和坏习惯并非是泾渭分明、无法转换的。好的习惯能够成为我们通往成功道路上的助力，而坏的习惯则是阻碍我们成功的阻力。如果我们能够自主地去改正坏习惯，自然能够将坏习惯变成好习惯。

富兰克林正是通过这样的努力，将自己身上的坏习惯，经过长时间的、主动的改变，逐渐变成了自己身上的好习惯。我们常说，人无完人，每个人身上都会有自己的缺点和坏习惯，但是通过努力，改正身上的缺点和坏习惯，这同样也是我们自我完善的一个过程。

但是，一个习惯的养成，并非是一朝一夕就能够完成的，而想要将一个坏习惯转变成一个好习惯，则需要更多的毅力、更长的时间、更大的恒心。

一个成功的人，不仅仅取决于他是否能够拥有富足的金钱、充分的物质享受。成功并不仅仅取决于物质方面的衡量，战胜自己、战胜命运，完成了不可能完成的任务，同样是另一种程度的成功。

故事穿越

曾经有一个叫作约翰·戈达德的年轻人，他在15岁那一年，就非常清晰地想到，自己的未来一定要做一个非常成功的人，并且这些成功并不能仅仅局限在一个领域之中。

他身边的人听到他这样说，自然都是不相信的，认为他口出狂言。试想一下，想要在一个领域之中成为非常成功的人就已经是非常了不起的事情了，他还想要成为多个领域之中非常成功的人，这不是痴人说梦吗？

但是约翰·戈达德丝毫不理会他人的嘲笑。他为自己制定了一份“生命清单”，非常详细地写出了自己这一生之中所要攻克的127个具体目标，其中包括了探索尼罗河、攀登喜马拉雅山、读完莎士比亚的著作、写一本书等等。

然后他就在自己今后的人生道路中，时刻按照自己的目标严格要求自己。44年的时间过去了，约翰·戈达德已经到了花甲之龄，这份“生命清单”之中的目标，他完成了106项。

故事微语

人生在世，总是在内心之中拥有属于自己的目标和梦想，任何人都不例外。当我们在年少的时候，或许目标只是阅读一套非常有意义的书；当我们开始面临人生选择的时候，或许目标就成为一份职业方向；当我们进入社会之后，或许目标就变成了月薪多少元钱……

我们的目标并不可能是单一的，而是很多个，可是能够将目标全部实现的人却寥寥无几。人生长路漫漫，我们总会遭遇各种各样的坎坷和困惑，或者是现实生活的残酷，让我们逐渐忘却了原本制定下来的目标。

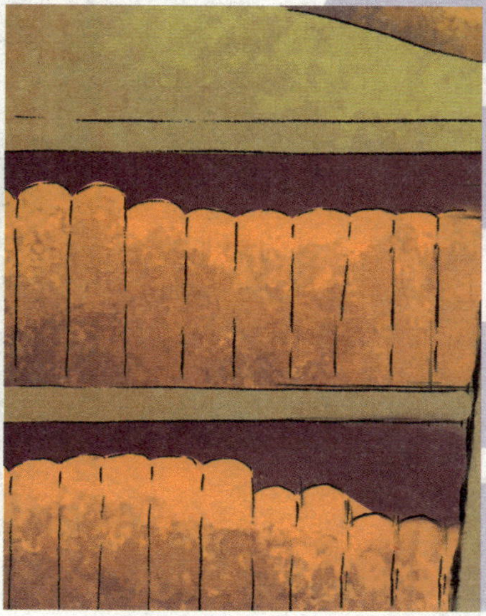

约翰·戈达德通过制定“生命清单”这个习惯，并且严格执行，终于用了大半辈子的时间完成了大部分的目标。或许他的目标与很多真正的成功人士不能相比较，可是什么叫作真正的成功呢？

其实当我们能够实现心中目标之后，我们的人生就是成功的。在约翰·戈达德的成功道路上，制定计划，并且严格执行这个计划的习惯成为他获胜的基础。

心灵箴言

习惯的力量是巨大的。

——[古罗马] 西塞罗

人喜欢习惯，因为造就它的就是自己。

——[爱尔兰] 萧伯纳

习惯是一种顽强而巨大的力量，它可以主宰人生。

——[英] 培根

习惯不加以抑制，不久它就会变成你生活上的必需品了。

——[古罗马] 奥古斯丁

一个好习惯 收获好人缘

故事话题

曾经有一个青年，因为不愿意依靠家庭，就只身一人流浪到了巴黎。可是他身无分文，迫于生存压力，他只好找到了父亲的一位好友，希望能够通过他找到一份合适自己的工作做。

他常常听到父亲提到这个朋友，认为他非常热心，人缘又好。果然如父亲所说，这位朋友热情地招待了他。一听说这个青年人要找工作，就热情地问道："你在数学方面比较精通吗？"

青年摇了摇头。

"那历史地理这些科目呢？"

青年还是摇了摇头。

这位朋友倒也不气馁，接连询问了几种找工作时必备的技能，可是年轻人却都不太擅长，这下朋友也在心里犯了难。可是当他看到青年人失望的神情，就说道："要不然这样吧，你先把自己的住址写下来吧，我先帮你张罗下，肯定要给你找份差事去做。"

年轻人非常感谢，连忙写下自己的住址递给朋友。朋友仔细看了下便签条，立刻激动地抓住了他的手臂说："年轻人，我这才发现，你的名字写得真漂亮，不要妄自菲薄，更不能只想着找一份勉强糊口的工作。这就是你的优点啊！"

年轻人听到朋友的这份称赞之后，信心大增，于是他就在心里想，我写字能够如此漂亮，只要我能够努力，自然也就能把文章写得好看。于是他就将这个当做了自己的梦想，开始了创作。这名年轻人就是后来家喻户晓的世界著名作家大仲马，代表作《基督山伯爵》、《三个火枪手》。

故事解析

好人缘，能够让我们心情愉悦、能够让人生道路之中充满了欢声笑语、让我们碰到困难的时候能够感受到友情的温暖……

但是如何能够拥有好人缘呢？好人缘并非只是指热情待人、真挚坦诚，更多的还是需要养成一些良好的待人接物的习惯。这些习惯不仅仅能够让别人感受到你的真诚，同时也能够让别人认为，你的好人缘并非只是一时，而是一世。

大仲马父亲的朋友就是这样一位好人缘的代表。从他接待大仲马的种种细节我们都能够感受到：首先，这个朋友一定是非常热心的人——热心，但是并不让人感到尴尬、反感和虚伪，这本身就是一种社交上的智慧，更是生活之中的习惯；其次，这位朋友非常懂得欣赏他人——欣赏别人身上的优点，善于挖掘他人的长处。正是通过这位朋友的鼓励，大仲马最终才走上了创作文学的道路。

那么，在日常生活之中，如果想要拥有好人缘，我们不仅仅是要展现出这些优秀的品质，同时要将这些优秀的品质变成我们的好习惯，这才是最重要的。

故事穿越

晋献公因为宠爱自己的妃子，想要立妃子所生的儿子为太子，就杀掉了原本的太子。为了避祸，晋献公的儿子晋周到了周朝，和单襄公学习，因为晋周从小就受到良好的教育，养成良好的生活习惯，面对单襄公，他谦恭有礼，言谈举止中丝毫没有贵族青年的傲慢无礼。所以单襄公非常喜欢他，对他称赞有加。

单襄公是周朝的重臣，学识渊博，是周朝大王和各国诸侯都非常尊敬的人。所以当单襄公称赞晋周之后，有很多人都想要见见这个被单襄公一直称赞的青年。

在单襄公一次与王公大臣议论朝政的时候，晋周也出席了这次朝会，他一直站在单襄公旁边。长达几个时辰，晋周从头到尾都是一副虚心聆听的姿势，没有半点怨言。

晋周在周朝生活了十余载，他都非常注重生活中的很多细节，谦虚有礼，很多人都称赞他。后来，单襄公生了重病，在临终前，他对自己的儿子说："在我死了之后，你一定要好好对待晋周，他谦虚有礼，今后一定能够有所出息的。"说完，就病逝了。

再后来，晋周因为有着各国诸侯的支持，回到了晋国成了晋国大王，他就是历史上注明的晋悼公。

故事微语

在成年人的世界中，社交圈子、人脉关系是非常重要的，甚至能够决定你一场投资的成功和失败。那么，如何搭建这样的社交圈子和人脉关系，人格魅力非常重要。

人格魅力，是很多人都会提到的，可究竟什么才是人格魅力呢？其实说到底，这不过就是人性闪光点的体现、优秀品质的体现。但是这种体现绝非是昙花一现，而是要将这些形成一种良好的习惯。

自身的谈吐是否得体、行为举止是否优雅、谈话之间是否给对方留有余地、是否懂得在适当的时候说适当的话……这些综合因素都决定了你是否具有人格魅力。

所以，想要拥有好人缘，就必须在日常生活之中注意这些。就好比晋周，他之所以能够得到单襄公和众多诸侯的支持，并不仅仅是因为他的才思敏捷，更重要的是，他通过自己良好的行为习惯构建出了自己的人脉圈子，让这些人都被自己的人格魅力所折服。

心灵箴言

美德大多存在于良好的习惯中。

——[美] 佩利

习惯形成性格，性格决定命运。

——[英] 凯恩斯

习惯实际上已成为天性的一部分。

——[古希腊] 亚里士多德

是否真有幸福并非取决于天性，而是取决于人的习惯。

——[古罗马] 爱比克泰德

重视“朝九晚五”的规律性

故事话题

有一家大公司的总经理夫人史密斯太太有一个非常大的苦恼。她受过良好的教育，曾经也从事过非常体面的工作，但是当她的丈夫成为大公司的总经理、她辞职回到家中做了一名家庭主妇之后，这个苦恼就一直没有离开过她。这就是，她感觉自己整天都在忙碌，却仍然打理不好家庭之中这些琐碎的工作。

从早上一睁眼，她就要想今天要给丈夫和孩子们准备什么样的早餐；送走了丈夫和孩子，她又要收拾家务、又要洗衣服、负责采买……没有半点休息的时间。为了这些琐碎的家务，她感觉自己每天都充满了紧张、焦虑和挫败。尤其是当丈夫让她准备一件出席商务活动时候的西装，她却在衣柜里怎么都找不到的时候；又或者是孩子将玩具弄得满屋子都是的时候，她就更想发火。

有一天，她恰好碰到了副总的太太，她同样也是一位家庭主妇，但是每次碰到她的时候，这位太太总是举止优雅，面容精致，丝毫没有半点“黄脸婆”的趋势。于是史密斯太太就和副总太太坦诚地说到了生活之中遇到的苦恼。

副总太太邀请她到自己家里去做客，看着收拾整洁的房间、摆放有序的图书、挂着整齐衣服的衣柜……史密斯太太非常惊讶，她认为这一定是保姆做的工作。但是副总太太却摇了摇头，表示这些都是

自己做到的。

史密斯太太非常吃惊地问道：“你究竟是怎么做到这一切，还能保持自己非常好的状态呢？”

副总太太对她说：“尽管家务事是由琐碎而组成的，但如果我们都能按照华盛顿国会图书馆天花板上的几个醒目大字来做事的话，那么一切会变得十分有条理。”

华盛顿国会图书馆天花板上的几个醒目大字正是——“秩序是天国的第一要律。”

在这次会面之后，聪明的史密斯太太也掌握了生活之中好习惯的要领，她不仅能够完成家庭之中所有琐碎的家务，还能够抽出时间去健身和购物，整个人洋溢着别样的幸福和快乐。

故事解析

任何人的生活都是由很多琐碎的小事组成，有些人会认为这些琐碎的事情会大大消耗掉我们在生活之中的人情。但实际上，我们的生活正是因为有了这些琐碎的事情，才增添了很多色彩。

曾经有人说，任何事情都有属于自己的必然性和偶然性，我们的生活之中同样充满了各种规律性。只要抓住这些规律，我们就能够从这些规律之中梳理出属于我们自身的习惯来。

就如同史密斯夫人和副总太太一样，最开始的时候，副总太太正是找到了秩序性的规律，并且最终形成了一个良好的生活习惯，所以她担任家庭主妇就显得游刃有余，不仅仅能够将家里收拾得干干净净，还能抽出时间让自己成为一位美妇人，享受生活带来的乐趣；而史密斯夫人整日忙碌在家庭之中，却还是找不到东西，也无法获得丈夫的尊重、孩子们的理解……

在现实生活中，其实我们也常常遇到这样的问题，不管是在生活中，还是在工作上，我们都需要努力寻找到其中的规律，这样不仅能够帮助我们养成良好的习惯，同时更有助于提高效率。

故事穿越

著名的书画大家齐白石先生一生之中保持着一个非常良好的习惯，那就是每天至少要练习五幅画作。他这样做的原因，最初是因为他的老师一直在告诫他，要学会珍惜时间，正所谓“不叫一日闲过”。齐白石正是通过每天练习五幅画作来锻炼自己的绘画功底，保持自己的作画激情。

这个习惯，齐白石保持了一生，直到九十多岁的高龄，他仍然没有改变自己的习惯。

在齐白石九十岁大寿这一天，为了给老爷子过寿，齐白石的家人、朋友和学生们都来到齐白石的家中，汇聚一堂。在这个其乐融融的气氛中，齐白石非常高兴，大家一起品尝美食，聊着生活之中的趣事。

时间过得非常快，很快，就到了晚上，齐白石送走了最后一批客人。这时候，他才想起来，今天五幅画作的要求还没有完成。于是，他一头扎进了房间内，想要把五幅作品完成之后，再去就寝。但是，此时的齐白石已经是九十岁高龄，再加上这一天的忙碌，他很难集中精力再去创作。

家人也都担心老人的身体是否能够承担这样的劳累，纷纷劝阻他，让他先上床休息。齐白石这才勉为其难回到了卧室。

第二天，齐白石一早就起床了，家人又劝他多休息一下，可是他却表示，今天必须要完成十幅作品，来弥补昨天落下的“功课”。

故事微语

当一件事情每天重复一遍，形成了规律，那么它就会成为一种人生习惯，当我们养成了这样良好的习惯，自然也能让我们更好地去生活。

齐白石先生以 90 岁高龄仍然坚持每日作画 5 幅，这个习惯从他开始学画的时候就一直伴随他。他之所以能够在绘画上取得如此巨大的成就，除了天分之外，努力和习惯同样是非常重要的。

就好比我们的作息时间，如果我们长年累月地保持一份作息时间表，当我们的身体习惯了之后，这就已经成为一生的习惯，如果贸然之间改变作息，身体就需要长时间调整才能够完全适应。

习惯，贯穿于我们的生活，我们的生活由行为组成，而行为又受习惯的支配。所以我们的生活之中的各个方面都会涉及到相关的习惯。

心灵箴言

习惯要靠习惯来征服。

——[美] 爱迪生

习惯使社会阶层自行分开，不相混杂。

——[美] 詹姆斯

人应该支配习惯，而决不能让习惯支配自己。

——[苏联] 奥斯特洛夫斯基

当你开始依照习惯行事，你的进取精神就会因此而丧失。

——[西班牙] 乌纳穆诺

习惯平淡 就是收获幸福

故事话题

著名歌手刘欢，在 2007 年的时候做出了人生之中一个非常重大的决定，他决定和妻子一同到美国去，但是他并非是要成为美国公民，而是要陪伴女儿到美国读高中。但是刘欢作为公众人物、作为歌星，他无法完全放下自己的工作和演出，于是他决定来回在中国和美国之间往返。

尽管往返于中、美两国非常辛苦，但是刘欢却仍然选择回归家庭。由于刘欢的工作一直非常繁忙，女儿常常都会羡慕那些能够让父母陪同去游乐场玩的孩子，刘欢知道，无论自己的事业有多么辉煌，对于女儿，他一直是亏欠的。所以，当女儿到美国读高中的时候，他毅然决然地决定去美国陪同。

这几年的时间，刘欢除了必要的演出之外，他都在美国陪伴着自己的女儿，看着她在学业之中取得一点一滴的进步，他终于感受到了平凡生活的幸福。几年之后，女儿以优异的成绩考上了理想的大学。拿到录取通知书的那一天，他们一家三口非常兴奋，决定第二天立刻订机票回国。

第二天一早，他们一家三口提着行李准备赶飞机的时候，他们在美国的邻居正好看到这一幕。于是她很友好地、用不太标准的汉语对刘欢说道："再见，月赴！"

刘欢一听，非常纳闷，于是就问自己的妻子："我什么时候成岳父了？"

妻子和女儿当然明白邻居的意思，她们两个人笑作一团，解释道："这几年你不是每个月都要回来一次么，所以他们就叫你'月赴'了，如果你每三个月回来一次，他们就会叫你'继赴'了。"

尽管在这几年之间，刘欢逐渐将自己的重心放回到家庭之中，推掉了很多活动和演出，但是他越来越满足于这种幸福而平淡的生活。

故事解析

平平淡淡就是真，对于很多人而言，我们都在过着世界上最平凡的生活——每天早上要起来匆匆忙忙准备上班、或者上学；经过一上午的忙碌，吃一顿比较简单却还算是营养的工作餐；下午再继续忙碌；晚上时光虽然逍遥却是短暂的，或许是享受家庭的温暖、或许是享受一部快乐的电影，等到晚上又该休息了。正如同小沈阳在小品《不差钱》中所说：“眼睛一闭、一睁，一天就这样过去了。”

这就是平凡生活，我们绝大部分人都在这样地生活，并且习惯这样的平淡。就是这份平淡的生活，却让很多人觉得，这并非是一种幸福，可是，当我们失去了这份平淡生活之后，才明白，习惯这种平淡，同样是一种幸福。

刘欢在国语乐坛内拥有数一数二的地位，是不折不扣的大哥级的人物，但是因为工作繁忙，在女儿小的时候，连让父亲陪伴一天出去游玩都变成了一种奢侈，直到女儿到美国上高中之后，他才下定决心回归家庭。对于他而言，这同样是一种无法弥补的遗憾。

所以，当我们习惯于平凡生活的时候，就请珍惜能够和你一同走过的情感，收获属于平凡人的幸福。

故事穿越

曾经有这样一句话："三百六十行，行行出状元。"这句话一点都没错。曹中玺是一个普通得不能再普通的中年男人，但是他凭借着自己在工作时候养成的一个习惯，成为快递行业内的"诗人"。

曹中玺没有读过几年书，他曾经做过农民、男保姆、裁缝、送水工，后来在快递行业逐渐发展之后，他开始做起了快递员。但是和别人不同的是，他常常通过短信给客户写诗——"今日又阴天，挡不住春风暖，吹得花儿朵朵开，万物皆盎然，外出多不便，还是要取件，过后阳光依旧灿，不就这几天？圆通快递到，老曹与你老地方见。"

他用这种打油诗的形式与客户进行联系，而客户的口口相传，让老曹和他的打油诗在他负责的这片大学区域内尽人皆知。有很多学生将他的这种行为发到了互联网上，让老曹成了一名"诗人"。

有媒体采访老曹的时候问他，是什么原因让他这样一个没有读过几年书的人动了写诗的念头呢？他非常憨厚地解释着，原来他还是快递新人的时候，看到过一个同事因为等客户时间长，发了些牢骚，结果来取件的是个女生，竟然被气哭了。看到这个场景之后，很少和别人脸红的老曹就觉得，因为现在生活节奏加快，让很多人都失去了耐心，于是他就想给工作找点乐趣，让客户高兴，自己也能高兴，就开始写诗了。

曹中玺每天都会将自己写过的诗抄录在一个笔记本上，不管白天工作多忙、身体多疲惫，他都会这样做，看着一本本的打油诗抄录，他的满足感油然而生。

故事微语

平凡的我们同样也能够创造出不平凡的感动。当一份坚持、一份努力经过时间的洗礼，往往能够爆发出巨大的能量。

曹中玺在成为快递员之后，一直坚持用写打油诗的方式联系客户。或许从文学的角度去看这些打油诗，它们不仅对仗得不够工整，连押韵都没有做到，这怎么能被称为一首“诗”呢？但是正是这些没有任何技巧可言的打油诗，让曹中玺和客户收获了很多快乐。

我们常常会说，在生活之中要寻找到人生的意义，然而人生之中真正的意义并非是指要拥有多少数量的存款，也绝对不是指要拥有多么高的社会地位，而是要在生活之中收获幸福和快乐。

我们的人生意义究竟在哪里？就是要用一颗平常心体味生活中的一切酸甜苦辣，不逃避、不退缩、不妥协，借此来探求一个普通人所能达到的精神境界，用“心”来感受我们每个人只有一次的生命。

心灵箴言

习惯若不是最好的仆人，便就是最差的主人。

——[美] 爱默生

播种行为，可以收获习惯；播种习惯，可以收获性格；播种性格，可以收获命运。

——[英] 萨克雷

如果良好的习惯是一种道德资本，那么，在同样的程度上，坏习惯就是道德上的无法偿清的债务了。

——[俄] 乌申斯基

第二篇

三分努力加七分坚持等于一个好习惯

一个好习惯的养成，并不是一朝一夕完成的简单的事，而是需要用汗水和坚持来促成的。生活教会了我们一个公式：三分努力加七分坚持等于一个好习惯。三分努力，是让我们在坚持的同时不断完善和努力，修正自己的人生方向；七分坚持，才是最终形成习惯的关键。任何事情做一遍都是非常容易的，但是当我们重复做一百遍，自然会因为其中的单调而感到乏味，但是不要放弃，请坚持下去，自然能够经历风雨，收获彩虹。

勤勉 开启命运之门的钥匙

故事话题

著名数学家、学者苏步青从小家境贫寒，和很多农村孩子一样，他的童年就是在土地上度过的，放牛、割草、犁田，什么都干，却没有钱能去上学。

有一天，村里一户有钱人为自家孩子请了家庭教师，苏步青听到这个消息，每天都提早起床，抓紧时间把自己一天的家务忙完，就跑到富人家窗口去听讲，没想到的是，富家公子没有学会什么，苏步青倒是学会了很多知识。

他的叔叔看到这个孩子如此聪明，觉得如果好好栽培一定能够成为人才，不能因为没有钱就不去读书。于是就拿出钱，说服了苏步青的父母，让他去上了小学。

可是苏步青一点基础都没有，刚刚进入学校之后，学习得非常吃力。可是不服输的苏步青更加用功地读书，每天天不亮就起床看书；直到宿舍熄了灯，他才恋恋不舍地把书放下。很快，苏步青的学习成绩直线上升。

尽管他是一个数学家，但是苏步青在文学、历史等方面的功底同样非常深厚，在他初中的时候，他就已经熟读很多中国古典名著、史书。有一次，他写了一篇作文交给老师，老师一看，发现这篇作文的写法非常类似《左传》那类的文言文，就认为这篇作文绝对不是苏步青自己写的。为了考考他，在第二天上课的时候，就随便点了一篇《左传》的文章，结果苏步青竟然能够一字不落地背诵下来！

故事解析

勤奋，是自从我们学生时代，家长和老师就不断在耳畔强调“勤奋”的重要。我们可以没有过人的天赋，也可以没有富有的家世，当拥有了勤勉这张王牌，我们自然能够在人生之中闯出自己的成绩。

纵观历史，成功人士几乎没有一个是懒惰之人，苏步青之所以能够成功，自然是和他的勤勉有莫大的关系。所以说，勤勉是人生最关键的品行之一。

曾国藩曾经说过：“从一个人的勤奋程度，便可以预知他能成多大的事。勤奋之道，精力虽只八分，却要用到十分，权势虽有十分，只可使出五分。办大事者，在内贵有志气，在外贵得人心。天下古今之庸人，皆以一惰字致败。天下古今之才人，皆以一傲字致败。勤得过头，也将适得其反。”

勤勉，能够弥补我们在天赋上的不足，能够让我们经过时间的洗礼，沉淀出最精髓的部分。

故事穿越

著名的文学家、思想家、革命家鲁迅先生曾经用他那犀利的话语成为民国时期很多学生心目中的领军人物。他自幼读书就非常刻苦，常常是从早上开始就利用每一个能够看书的时间阅读，到了晚上也常常坐在油灯下面读书。

在江南水师堂上学的时候，因为鲁迅成绩优秀，为了奖励他，学校特意颁发了一枚金质奖章给他。这让很多同学都非常羡慕，觉得这是一种非常高的荣誉。但是鲁迅并不这样认为，第二天他就跑到南京鼓楼街把这枚奖章卖了，用卖来的钱买了自己喜欢的书籍和辣椒。在他心里，这些书可比一枚什么用途都没有的奖章有意义多了。

或许有些人会觉得奇怪，辣椒是干什么用的？并不是因为鲁迅爱吃辣椒，而是因为辣椒不仅能够驱走寒冷，同时还能起到提神醒脑的作用。

当时正好是寒冬，南方的冬季虽然气温并不算太低，但是潮湿的空气仍然能够让人感到非常冷。为了克服这个困难，鲁迅想到的方法就是吃辣椒。每到了夜晚，他坐在油灯下面看书，觉得寒冷了，他就咀嚼几口辣椒，没多一会儿，他就感到辛辣无比，全身通畅，头脑也更加清醒了。

后来，鲁迅终于成了一位非常伟大的文学家，他的文字就仿佛一把锋利的剑，直刺到很多爱国青年的心中。

故事微语

每一个成功人士的背后，都有一段勤勉的故事，无论是苏步青，还是鲁迅。

勤勉，并不仅仅是一种品行，同时也能够成为生活和工作之中的习惯。当我们在日常生活之中能够以勤勉的态度处之，我们自然能够成为生活的主人；当我们在事业工作之中以勤勉的方式去处理问题，那么，我们自然能够收获事业上丰收的果实。

勤勉同样也是一种习惯，其实任何事情经过长时间的积累，都会形成一种习惯，勤勉也不例外。

心灵箴言

聪明出于勤奋，天才在于积累。

——华罗庚

业精于勤，荒于嬉；行成于思，毁于随。

——韩愈

对搞科学的人来说，勤奋就是成功之母！

——茅以升

不闻不若闻之，闻之不若见之，见之不若知之，知之不若行之，学至于行而止矣。

——荀况

坚持 就是人生最大的赢家

故事话题

1914年获得了诺贝尔生理学、医学奖的罗伯特·巴雷尼是诺贝尔奖获得者中非常特殊的一位，他自幼就因为生病成了一名残疾人。他的母亲不愿意让自己的孩子从小就失去了生活的目标，更不愿意让孩子一辈子活在别人同情的目光之中，于是她开始锻炼巴雷尼。

只要一有空，母亲就陪着他练习走路，最初他累到满头大汗，双腿却仍然不听使唤，但是母亲告诉他，千万不要放弃。而巴雷尼也不愿意一辈子坐在轮椅上，于是他坚持每天锻炼走路、练习体操来帮助自己掌握平衡。

经过数年如一日的锻炼，巴雷尼虽然不能像普通人那样自如行走，但是他的精神却得到了极大的锻炼。在命运带给他的残酷打击面前，病弱的巴雷尼成了生活之中的巨人。在学校里，他成为学校最优秀的学生，并且以优异的成绩进入维也纳大学医学院。毕业之后，他开始专攻耳科神经学，后来，他凭借自己独特的“巴雷尼检验”荣获了诺贝尔奖。

故事解析

如何能够获得人生的成功？如何能够完成我们的目标？答案是坚持。

无论我们拥有怎样的梦想，坚持永远都是为我们梦想保驾护航的品性。坚持，是让我们的某一种行为逐渐变成习惯的关键步骤。在坚持面前，任何一种难题，都不再是真正的困难。正所谓：“有志者事竟成。”正是阐述了坚持对于人类的重要性。

坚持，不仅仅是对于自己生活负责的人的态度，同时也是忠于内心信念的表现。

罗伯特·巴雷尼虽然身患重病，但是他不愿意像一个残疾人那样，只能依靠别人去生活，所以坚持锻炼身体。这其中他经历了怎样的伤痛，只有他和他的母亲知道，可是正是这份坚持的重量，让罗伯特·巴雷尼成功站在了诺贝尔奖的奖台之上。

所以，不要惧怕生活中的困难和失败，请用坚持去面对人生的种种，一定能够让我们收获最终的幸福和成功。

故事穿越

世界著名影星史泰龙生长在一个非常不好的家庭里，他的父亲是赌徒，母亲也因为生活折磨，整日借酒浇愁。自幼，史泰龙就生活在社会的最底层，一直浑浑噩噩、到处流浪。突然有一天，他认识到，如果自己还不发愤图强的话，他的一生很有可能就像父亲或者母亲那样，只能依靠政府救济金生活。为了改变自己，他开始寻找新的出路。

史泰龙非常喜欢演戏，初出茅庐的他只身来到好莱坞，可是电影公司的人在面试的时候，刚刚开始，他们就指出了史泰龙一个非常严重的缺陷——嘴歪。史泰龙不愿意放弃，他在好莱坞附近找了一份看厕所的工作，这里最大的好处就是能够遇到很多电影公司的导演，于是他每次看到导演之后都要毛遂自荐一番，尽管史泰龙的样貌不错，但是导演看到他的歪嘴之后，纷纷表示了拒绝。

没有办法的史泰龙又想到了另一个方法，既然现在还不能当演员，不如先从编剧开始做起吧。他非常用心地写了一部剧本，可以说，这绝对是他为自己量身定做的剧本了，但是导演们看到这份剧本，却并不认可。就这样，史泰龙仍然在不断被拒绝的过程中挣扎着。在他遭到了 1375 次拒绝之后，第 1376 次毛遂自荐成为他人生的转折点。一位导演慧眼识珠，终于认可了史泰龙，并且接下了这部剧本。这就是当年创造了票房奇迹并且成功夺得 1976 年奥斯卡最佳影片奖的电影《洛奇》，这部电影不仅让史泰龙提名奥斯卡最佳男主角大奖，更让导演约翰·艾维森获得奥斯卡最佳导演奖。

故事微语

史泰龙的成功，是用很多场失败和很多次坚持构成的。在很多人眼中看来，毛遂自荐的史泰龙似乎没有任何过人之处——他没有受到太过良好的教育、也没有极其出众的外表、更没有一个有背景的家世，甚至上天还给了他一份无法弥补的缺陷——嘴歪。可是在几千次失败之后，史泰龙最终成了好莱坞巨星，并且一夜成名。

当史泰龙每次被拒绝之后，他都选择了坚持。对于很多人而言，坚持一次、十次、百次，就已经算是非常了不起的了，可是史泰龙坚持了数千次。

在现实生活中，我们也会遇到很多困难和坎坷，坚持则成为我们克服困难的不二法宝。

心灵箴言

穷且益坚，不坠青云之志。

——王勃

谁有历经千辛万苦的意志，谁就能达到任何目的。

——[古希腊] 米南德

不作什么决定的意志不是现实的意志，无性格的人从来不做出决定。

——[德] 黑格尔

书不记，熟读可记；义不精，细思可精；惟有志不立，直是无着力处。

——朱熹

思考 青春永不褪色的旋律

故事话题

爱因斯坦能够成为著名的科学家，与他善于动脑思考是有着非常密切的关系的。

在很小的时候，爱因斯坦就非常善于开动脑筋，思考问题。有一次，他和同学们一同上手工课，作业就是让大家学会叠纸盒。就在大家都忙于叠纸盒的时候，老师却发现爱因斯坦趴在桌子上。

老师走过去问：“爱因斯坦，你怎么不做手工呢？”

爱因斯坦说：“老师，我在思考一个问题，您知道一张纸有多厚吗？”

老师看着爱因斯坦认真的样子，就笑了：“想知道这个非常容易啊，你先找来一百张纸，用尺子量一下厚度，再除以纸张数，不就是一张纸的厚度了吗。”

爱因斯坦连忙这样测量了一下，结果发现每一张纸的厚度是0.08毫米。

就在这个时候，老师想到了一个问题，就问同学们：“每一张纸的厚度是0.08毫米，那么，如果把纸对折30次后，应该是多高啊？”

同学们开始七嘴八舌地议论起来，有的人说大概得有10米高，有的同学说有十层楼高，但是老师都摇头表示不正确。爱因斯坦站起来说：“应该要比阿尔卑斯山高！”

听到他的这个回答，其他同学都表示不可能，可是老师却笑了，他连忙问爱因斯坦是如何算出这个数字的呢？爱因斯坦不慌不忙地走到黑板面前，通过公式计算，结果一张0.08毫米的纸对折30次后，竟高达85899米！

故事解析

独立思考，是人类成为高等动物的重要标志，我们不仅能够独立思考，甚至可以通过自己的独立思考获得更多的知识。很多成功的人，背后都有很多善于思考的往事，真正善于独立思考的人，往往能够站在更高的角度，去看待更多的问题。

爱因斯坦就是其中一个非常典型的人物，他之所以能够成为世界上最著名的物理学家之一，据说他的智商相当之高。可是这种高智商并不仅仅是一种天赋，更是善于思考的成果。

曾经有人做过这样一个实验，人类大脑如果长时间保持高速运转，自然就能够越来越聪明，思考力也会越来越强。所以很多成功的人都非常善于思考，同理，善于思考的人往往更容易获得成功。

故事穿越

科学家费米同样也是一个善于思考的高手，除此之外，他还是一位善于启发人的教育家。为了能够开发学生们的智力和才能，费米便对学生们提出一种新的处理难题的思维方式：

当你听到了一个问题，然而发现，你对问题的答案一点都不知道。这时候，你肯定会认为所提供的信息或已知条件太少了，所以无法解决它；不过，请不要着急气馁，我们试着将这个问题分解成几个次级的问题，每个问题不用求教专家，或者在书本里都能解答时，你就接近于得到准确的答案了。

或许光这样说，你可能并不能理解，我们来举个例子：

在上个世纪40年代，世界第一颗试验原子弹在美国新墨西哥州沙漠上爆炸，费米作为一个科学家，怎么可能错过这样的好机会呢，他和他的学生早就在现场附近等待着。根据爆炸传过来的波震，以及在现场找到的碎纸屑和它们随风飘落的速度，费米很快便计算出原子弹爆炸的能量相当于1万吨烈性炸药的效果。

对于费米的计算、思考能力，学生们自然非常敬佩，但是费米却说："这些你们同样能够做到，只要依照我曾经告诉你们的思考问题的思维模式。：很快，有的同学也开始自行思考起来，并且明白了费米的意思。

故事微语

主动思考问题，能够经过时间的积累，让我们形成习惯，然而更重要的是，我们不仅仅要培养"善于思考"的习惯，还要去思考如何正确思考问题，也就是思考思维的方式。

费米之所以能够成功，并且成为一个教育家，最主要的就是他拥有这样的思考问题的思维模式。有时候我们常说，思考问题的方式一般都是正常思维，或者是逆向思维，然而，当我们遇到问题的时候，常常会因为惯性思维，保持同一种思维模式。

所以，如何培养正确的思维模式，是人生之中的一大关键。思索，不仅能够让我们感受生活的真谛、领略智慧的魅力，更能够让我们接近生命的成功。

心灵箴言

我思故我在。

——[法] 笛卡尔

思维是灵魂的自我谈话。

——[古希腊] 柏拉图

思考可以构成一座桥，让我们通向新知识。

——[德] 普朗克

思维世界的发展，在某种意义上说，就是对惊奇的不断摆脱。

——[美] 爱因斯坦

独立 生活中最深刻的学问

故事话题

清朝康熙年间，贵州巡抚刘荫枢因为年事已高，准备告老还乡。刘荫枢为官期间非常清廉，只是依靠着朝廷的俸禄过日子，但是他曾经收到过康熙皇帝的几次赏赐，所以家底虽然不多，和百姓比起来也算是比较富足了。

刘荫枢告老还乡之后却发现，自己的老家这么多年仍然没有什么大变化，交通也不是非常便利，所以他就想用自己一生的积蓄给家乡修建一座桥，也算是他为家乡做的贡献。

可是他的这个想法却遭到了子女的一致反对。子女们认为，自己的父亲官至贵州巡抚，但是作为他的子女，却没有沾到一点光，父亲在职期间，他们被父亲要求不能接受贿赂；等到父亲告老还乡后，还要把一生积蓄都捐赠出去。

可是刘荫枢已经决定了，经历了五年的时间，这座桥终于建造好了，刘荫枢取名为“毓秀桥”。在桥修好了之后，他对自己的子女说：“之所以决定要用全部积蓄修桥，就想用事实教育你们，自己的路自己走，自己的生活自己创，靠天、靠地，不如靠自己。”

后来，刘荫枢的子女也有了属于自己的成功，成了国家的栋梁之才。

故事解析

每个人都要经历这样一个阶段——从最初依赖父母，到最后学会独立，我们必须依靠自己的能力去社会之中闯荡。这就好比任何一种动物，最初都是活在母亲的臂膀之下，但是当它们成长之后，就必须学会独立生存的种种本领。

独立，是每个人想要生存下去必须学会的一种技能，但是除了行为方面的独立之外，更重要的则是精神方面的独立。

无论我们在这个社会之中处于什么地位，我们的人格、我们的心灵都应该是独立的，这种独立能够让我们鼓足所有的勇气，面对人生之中任何一种困境；能够让我们在身处低谷的时候，仍然能够毫不气馁，不被现实所打垮；能够让我们在任何人面前保持自己的尊严，当别人践踏我们的尊严的时候，仍然能够捍卫自己的尊严。

故事穿越

肯尼迪夫人，有着“美国最美丽的第一夫人”之称的杰奎琳·肯尼迪是一个既有主见又坚强的女人。她的坚强并不仅仅体现在美国政坛之中，更重要的是在对于子女的教育方面。由于肯尼迪被刺的时候，他们的长子约翰·肯尼迪二世刚刚四岁，其他孩子年纪更小。

约翰自幼羞怯、自卑、优柔寡断、依附性强，由于肯尼迪过早离世，杰奎琳承担起所有教育子女的责任。她无法容忍自己的孩子成为一个软弱、只会依赖他人生活的人，于是她开始利用一些其他教育机构培养孩子的独立意识。

首先，她把约翰送到美国德雷克岛“勇敢者营地”参加训练，通过两年的时间，约翰不仅学会了驾驶帆船、独木舟等技能，同时爬山等体能锻炼让约翰成长为一个刚毅果断的小男子汉；学成之后，杰奎琳又将约翰送到缅因州的孤岛上学习在极限环境之中独立生活的技能——这就类似于现如今野外生存的节目一样。在20天的时间内，所有参加活动的人只能依靠主办方发给自己的一加仑水、两盒火柴和一本野外生存的书。在这种恶劣的环境之中，约翰依靠自己成功坚持下来。

就这样，在杰奎琳的教育之下，约翰从一个害羞、自卑的小男生变成了一个积极向上、自信理智的男人。他不仅学业有成，并且在事业上也非常有建树——在纽约42街发展协会担任副主任，并且是一家杂志社的董事长。

故事微语

独立，对于每一个人而言，都是一种循序渐进的过程。在成长阶段，每个人都好像一张白纸，任由老师和家长帮我们填上颜色，但是当我们拥有了明辨是非能力之后，培养独立就成为刻不容缓的事情。

就如同肯尼迪夫人对于儿子约翰的教育一样，尽管约翰参加的各种培训在很多家长看来，都是几近残酷的，可是独立意识却正是在这种看似艰苦的环境之中锻炼出来的。

除了家长和老师的培养之外，我们更应该在自己的内心中树立这样一种观念——我，是世界上最独一无二的，而我存在的价值不应该依附任何其他的标签。

正如同那句话所说，这个世界上没有相同的两片叶子，也更不会存在两个完全相同的人，而我们的价值就是在这份不同之中。

独立，同样也是一种习惯的养成，当我们从一点一滴的小事开始做起，并且长期坚持下去，这种行为自然而然就会变成一种习惯，而在这种习惯养成的同时，“独立”自然也就会在我们的意识之中根深蒂固，形成一种固定思维。

心灵箴言

独立能力是人生的基础。

——[科威特] 穆尼尔·纳素夫

独立性是天才的基本特征。

——[德] 歌德

思想的自由就是最高的独立。

——[美] 费斯克

要独立思考问题，不要人云亦云。

——[美] 爱默生

挫折 是成长中的良师益友

故事话题

我们常说，身体是革命的本钱，人生旅途之中碰到任何坎坷，只要我们还能够拥有健康，就没有什么可担心的。然而，健康对于一些人而言，都是一种奢望，同时也是命运带给他们的挫折。

约翰•肯尼迪从小就体弱多病，3 岁就因为猩红热差点送命，是依靠一剂强心针，勉强脱离了危险；刚刚成人之后，他又染上一种怪病，全波士顿医院的医生都找不到病因；在 26 岁那一年，他突然晕倒，送到医院之后，医生断言，他最多只能活一年时间；37 岁的时候，他身上多种并发症发作，几乎在医院里送命……

可是不管他生病到多么难受，或者医生说他的病情多么险恶，他都没有放弃过自己。在他的病床旁，永远都有一摞书籍和读书笔记，就是在这种极其艰难的情况之下，他完成专著《勇敢者》，并且荣获当年的普利策奖。在约翰•肯尼迪成为总统之后，因为生病，他也会在疗养院里阅读文件。

生病对于常人来说，是一种折磨，因为病痛会消磨掉人类的意志，成为我们人生道路之中最难以跨越的挫折和障碍，可是肯尼迪不仅战胜了这种挫折，并且因为这份挫折而更懂得珍惜时间。

故事解析

在我们的人生中，挫折和失败都会占据一定比例而存在，没有人能够真正一帆风顺地成长。面对挫折和失败，每个人都有不同的反应。

有的人能够在失败中积累经验、教训，或许他并不能真的战胜它，可是却能根据这次经历在今后的人生之中避免犯下同样的错误；有的人能够在失败面前越挫越勇，并且成功地战胜失败，达到一个全新的高度；还有一些人，整日都走不出失败的阴影。

其实，失败不仅仅是我们每个人的必经之路，同时也是我们的“良师益友”。

在失败的时候，我们往往更容易认清自己，让自己沉淀下来，仔细分析，并且通过这种分析来重新权衡自己的能力。

失败其实并不是一件可怕的事情，回想一下，我们每个人都是在不断失败的过程中成长起来的，就好比婴儿时期学习走路一样，经过无数次摔跤才能够完全学会自己走路。人生就好比我们学习走路的过程，所以，不要惧怕失败，而是要学会如何在失败中寻找成功。

故事穿越

威尔玛·鲁道夫是奥运会历史上最伟大的女子短跑运动员之一，在她小的时候，因为患有小儿麻痹造成了腿部病变，导致她一只脚必须要靠铁架矫正鞋走路。但是威尔玛的父母不相信自己的女儿就这样变成了残疾，于是他们每日都给女儿进行按摩。他们相信，总有一天，女儿一定能够摆脱绷带，像正常人一样生活。

经过十年时间的努力，威尔玛终于能像正常女孩一样走路，不仅如此，她的运动天分也在这个时候充分发挥出来。从12岁到16岁，仅仅四年的训练，威尔玛不仅成功成为一名专业的短跑运动员，并且代表美国参加了奥运会短跑项目。尽管这一次的单人短跑比赛，她没有拿到名次，但是在接力赛中，和其他成员一起夺得了比赛的铜牌。

有了这次经历，威尔玛更努力、更勤奋地投入到训练之中。四年之后，她再次代表美国参加奥运会比赛，并且成功拿到了三块奥运金牌。由于她的跑步姿态轻盈美妙，步伐协调，被媒体誉为“黑羚羊”。

故事微语

战胜失败的过程，其实也是战胜自己的过程，就如同威尔玛·鲁道夫一样。从小，她要战胜的是病魔，这是命运的不公，可像一座大山压在她幼小的肩膀。第一次参加奥运会，虽然成绩斐然，但同样也是一场失败。当她再次站在奥运会的赛场上的时候，面对的不仅仅是对手，还有曾经失败过的自己。

对于平凡的我们而言，失败，或许是一次考试的失利、或许是一次没有成功的面试、或许是一次不太理想的创业。可同样的，我们必须学会如何去面对失败，这里所说的面对，更多的就是指自己的内心。

面对失败，不仅仅是需要一份勇气，同样也需要一份自信。我们能够从失败中学到什么，取决于我们如何看待这场失败，可是如何能够战胜失败，则是需要勇气和信心共同完成。

当我们能够面对自己多次的失败，当我们在面对失败之后不只是沮丧和懊悔，更多的是理智地分析、冷静地思考，这些都将成为我们人生的财富，更是一种面对生活的习惯性思维。而此时，等待我们的，就不会是失败了。

心灵箴言

失败是坚忍的最后考验。

——[普鲁士] 俾斯麦

失败也是我需要的，它和成功对我一样有价值。

——[美] 爱迪生

什么叫作失败？失败是到达较佳境地的第一步。

——[美] 菲利普斯

第三篇

踏上成功路的锦囊妙计

拥有一个成功的人生，几乎是所有人的愿望，但是如何能够实现，这其中又有怎样的窍门？培养自己的好习惯，是促成成功人生的一条捷径。在奋斗的同时，注重细节、谦虚谨慎、自信坦然都成为我们取胜的关键，让这些品质成为我们固定的习惯，无论面对什么困难，都无法将我们击倒。这就是取胜的关键。

细节决定一场挑战的最终成败

故事话题

美国一家大型公司刚刚发布了招聘信息没有多久，就吸引了很多求职者的关注，大家都希望能够进入这家全国知名企业工作，以求得今后的发展空间。但是，经过了几批面试之后，主考官并不满意。

这一天，一位年轻人走进了面试办公室，恰好在进入的时候，他看到门口有一张小纸片，出于习惯，他弯下腰捡起纸片，然后扔到了办公室里的垃圾桶里。主考官们依旧是询问了很多和工作相关的专业，年轻人都对答如流。

面试结束之后，主考官直接对他说："年轻人，你通过面试了，明天就可以来公司进行岗前培训，如果培训能够合格，就可以直接和我们签订合同。"

年轻人非常吃惊，简直不敢相信自己会有这样的好运。主考官便解释道："办公室门口的纸是我们故意放在那里的，尽管你的能力并不是所有应聘者中最优秀的。然而，只有你在面试时通过了一项最关键的考验——是否能够注重细节。"

而通过这个面试的年轻人，后来的确凭借着自己的能力闯出了一片天空，将注重细节养成习惯则成为他成功的制胜关键，这个年轻人就是后来的美国汽车工业之父——亨利•福特。

故事解析

对于细节的注意和掌控，是取得胜利的关键。古往今来，有过太多因为在细节方面考虑周详的人取得了人生的成功，同样也有人因为一次马虎、一次失误而付出了惨痛的代价。

当我们从小养成“注重细节”这个好习惯，自然能够注意到旁人不曾注意到的旁枝末节，并且更容易以此来获得成功的机遇。就好比“美国汽车工业之父”亨利·福特一样，在这次的面试之中，他并非是能力最出众、水平最优秀的年轻人，可正是“细心”让他打败了所有竞争对手，赢得了这次面试的成功。

在工作之中，有很多我们并不太注重的细节性的东西，却往往成为影响我们是否成功的关键点。如果人生是一场比赛，那么这就是决定是否能够获胜的赛点。不要小看细节的重要，正所谓“一屋不扫，何以扫天下”。我们的生活、工作都是由这些细微的事情构成，当我们能够注意到其中的奥秘，自然能够更加接近成功。

故事穿越

在春秋时期，诸侯群雄纷争，各自为王，其中吴国和越国两个国家是世仇，不断打仗。在吴、越两国之间最重要的一次战争便是打败了越王勾践的“夫椒之战”，然而吴国最终取得这场战争的胜利，是因为在一个非常小的细节方面做足了准备。

当时在宋国有一族的人民非常善于制造一种草药，这种草药样貌普通，可是防止生冻疮的“灵丹妙药”，所以这个部落的族人世世代代都以染布为生。恰好一个长期和这个部落做生意的商人得知了这件事情，觉得这种草药一定能够派上用场，就花费重金将这个草药的秘方买了下来。

这名商人非常有商业头脑，他并没有直接在街头叫卖，而是直接上书给当时的吴国君主夫差，并且非常详细地写明了草药的用途，尤其是其在军事方面的巨大潜力。夫差一看，果然是一副良方，立刻就赏赐给商人一块很大的土地和很多银两。从此，这名商人大富大贵。

而吴国君主夫差拿到了这副良方之后，立刻就让军医大批量地生产，并且分发给所有的士兵。等到了冬天的时候，夫差就突然向越国发起了水战。越国军队本身就是仓促应战，再加上天气寒冷，很多士兵都患了冻疮，可是吴国的战士因为涂了这种神奇的草药，完全没有受到疾病的困扰，所以一举获胜。

故事微语

有的时候，一个细节就能改变未知命运，因为一个细节产生的“蝴蝶效应”同样是我们无法预知的。就好比故事之中，吴王夫差就是注意到了冬天水战会生长冻疮，所以提前做了准备，保持军队的战斗力，可是越国君主却没有注意到这个细节，大败而归。

曾经有人说，小事成就大事，细节成就完美。其实在我们通往成功的道路上，注重细节，往往能够出奇制胜，成为成功的关键点。而注重细节，同时也能够让我们在人际关系上更能够立于不败之地。

通过对细节的观察，我们能够感受身边人的性格、内涵、智慧、修养、气质以及对人生的态度，从而更容易判断出，究竟能够从这个人身上学到什么，又或者是在哪些方面和这个人非常合拍。这种合拍不仅能够体现在友情之中，更容易在职场上取得成功。

很多成功人士往往除了对事态发展方面的判断之外，在用人方面同样非常出众，根本原因就是这些成功人士更容易能够通过一些细节来判断一个人是否值得信任、是否能够委以重任。

所以，将注重细节培养成我们的人生习惯，就能够从细节之中得到回报。毫不夸张地说，细节是一种创造、是一种动力，可以表现修养、可以蕴含艺术，更能够产生效益，带来成功。

心灵箴言

大礼不辞小让，细节决定成败。

——汪中求

小事成就大事，细节成就完美。

——[美] 戴维·帕卡德

天下难事，必做于易；天下大事，必做于细。

——老子

把每一件简单的事做好就是不简单，把每一件平凡的事做好就是不平凡。

——张瑞敏

让谦虚成为人生的注脚

故事话题

在春秋时期，卫国有一个叫作孔圉的人，他勤奋刻苦，谦虚好学，所以在整个卫国，他的名气非常大，就连卫国的君主都号召所有年轻人以孔圉为榜样。在孔圉过世之后，卫国君主更是赐名“文”，所以后人就称呼他为“孔文子”。

孔子的学生子贡也是卫国人，从小也是听着“孔文子”的故事长大的，但是在他心里，却并不像其他人那样敬重孔文子。他认为，尽管孔文子为人谦虚好学，却并非像人们口口相传的那般优秀，他常常会被这种情绪所影响，为此他非常苦恼，就决定去找他的老师孔子请教。

子贡问道：“老师，请问‘孔文子’究竟有什么了不起的地方，让卫国君主都赐名给他，这着实让我想不通。”

孔子回答道：“孔文子聪明好学，能够勇敢地向比自己地位低、学识不如他的人虚心请教，并不会因为自己这种行为而感到丢脸，这对于很多读书人而言，就是非常了不起的事情！”

子贡听闻，立刻醒悟，并且对孔文子的行为深感敬佩。

这就是历史上著名的“不耻下问”的典故。

故事解析

孔文子不耻下问，尽管面对身份、学识都不如自己的人，仍然能够虚心向人请教问题，孔圣人同样也是这样一个谦虚的人，当子贡因为觉得孔文子虚伪而去请教的时候，孔子非常坦诚地肯定了孔文子的谦虚和学识，让子贡摆正自己的心态。

谦虚的态度，是我们每个人都需要的。正如孔子所言，三人行，必有我师。在这个世界上，无论在任何方面，都会有能力比较强的人出现，只有当我们以谦虚的态度去面对，才能让我们正确认识自己。

培养谦虚的态度成为自己的习惯，不仅能够让我们在工作之中更容易发现自己的问题，同样也能让我们收获良好的人际关系，这一点在成功人生之中是至关重要的因素。换个角度去想，我们也喜欢和谦虚的人成为朋友，而不愿意去和一个内心高傲无比的人相识。因此，请让我们放下内心的骄傲，去做一个谦虚的人吧。

故事穿越

19 世纪享誉法国画坛的画家贝罗尼在成名之后仍然保持随处采风、写生的习惯。有一次他到瑞士度假，就跑到日内瓦湖边作画。他的行为引起了其他游客的注意，其中包括三位英国女游客，她们站在贝罗尼身边，一边看着他作画，一边品头论足，说他的画哪里不好、哪里没有感觉等等。贝罗尼很仔细地按照她们提出的修改意见一一改正，画完之后，还非常尊重地转过身对她们道谢。

第二天一早，贝罗尼踏出旅馆准备外出，碰巧在大厅又遇到了昨天看到的三位英国女游客。这三个女人看到贝罗尼也吃了一惊，但是她们还是走了过来询问

道："先生，我们都听说大画家贝罗尼在这里度假，都很崇拜他，想要登门拜访，请问你知不知道他住在哪个房间？"

贝罗尼非常绅士地鞠了一躬，说道："不敢当，我就是贝罗尼，非常感谢各位对我的厚爱，也谢谢你们昨天为我指出的问题。"

三位女士大吃一惊，并且都为了昨天的无礼而感到愧疚。倒是贝罗尼非常淡然，根本就不介意她们的无礼，并且还很感激对方提出的问题。

故事微语

正所谓："谦虚使人进步，骄傲使人落后。"正如贝罗尼一样，尽管他已经是享誉国际的知名大画家，但是在面对三位英国女士的品头论足的时候，仍然能够保持"虚心"的态度去面对，正是这样良好的心态，让他更加成功。

谦虚，是空化自我心境的一个过程，这本身就超越了人类对物质方面的需求，更多的是在提升我们的心灵境界。或许，有很多人总是有这样的感受，对于现实生活，我们总是心怀不满，认为整个社会、整个世界都变得面目可憎，可是，变的不是社会和生活，而是我们自身。

当我们用谦虚的态度去面对生活之中的种种不足，内心同样也会获得一份平静。当然，谦虚也绝非是要将自己放在一个很卑微的境地之中，而是要做到内心有数。就如同贝罗尼一般，尽管他能够用谦虚的态度面对他人的批评，但是并非是盲从地听从别人的意见。只有这样，谦虚才能发挥真正的功效，成为我们完美人生之中的一个良师益友。

心灵箴言

虚己者进德之基。

——方孝孺

放荡功不遂，满盈身必灾。

——张咏

人生大病，只是一"傲"字。

——王阳明

满盈者，不损何为？慎之！慎之！

——朱舜水

劳谦虚己，则附之者众；骄慢倨傲，则去之者多。

——葛洪

恃国家之大，矜民人之众，欲见威于敌者，谓之骄兵。

——魏相

谨慎的态度 为青春保驾护航

故事话题

唐朝名将郭子仪就是个非常谨慎的人。在他平定“安史之乱”之中建立了赫赫战功，赢得了世人的尊重，但是他从不居功自傲，对待同僚也都是谦虚谨慎，可是唯独对待一个叫作卢杞的人例外。

同僚之中总会有一些应酬，在唐朝时期也不例外，所以郭子仪的家中总是会有客人到访，郭子仪每次都是热情款待，也绝对不会让自家的妻妾回避，唯独卢杞到来之前，他会让自己的妻妾回避。

郭子仪身边的人并不理解他的用意，就询问他说：“为何就对这个卢杞特殊呢？”

郭子仪回答说：“卢杞样貌丑陋，脸色发青，家里的女子多半都没有见过长成这样的男子，唯恐她们看到之后，会不小心笑出声来。”

那人又问道：“即便是笑出声，也不至于如此啊！再说了，您现在位高权重，备受人尊敬，而卢杞不过只是一个御史中丞，为什么对这样一个四品衔的御使中丞要这么讲礼仪呢？”

郭子仪长叹口气道：“这个卢杞是个心胸狭隘、睚眦必报之人，倘若我的家人如果不小心笑出声来，就成为今后的隐患，此人一旦掌握大权，我这一族人就性命难保了。”

果不其然，在若干年之后，卢杞不仅掌权，并且成了宰相。那些曾经因为一点小事就得罪他的人都被他整治得求生不得、求死无门，唯独对郭子仪一家，他没有半点为难。

故事解析

每个人的人生都并非是一帆风顺的，都会遇到一定的危机。这种危机或许带给我们的是一次艰难的成长，或许是一次轻微的人身伤害，或许是一次付出代价的失败。

有人常常会问，如何能够避免这样的危机呢？答案只有一个，就是谨慎的态度。

郭子仪为人谨慎，所以他能够看到卢杞的真实面目，他不愿意因为一些不起眼的小事情就得罪他，更不愿意因为这些而让自己的家人陷入到一场能够预料到的危机之中。所以，在关键时刻，郭子仪选择了隐忍。

谨慎地面对人生，并非是胆小怕事，也不是毫无原则的妥协，而是通过自己的智慧和思考，让自己巧妙地躲过这些危机。在行事之前，周全地考虑、仔细地观察，采取谨慎的态度。

谨慎的人生态度，就好比是我们人生的盾牌，让我们能够在人生道路上避免陷阱、避免危机。

故事穿越

被称作“乐圣”的贝多芬在他一生之中创作了无数动人的作品，但是他的创作态度仍然非常严谨。著名作曲家门德尔松曾经找到过一份贝多芬创作的手稿，并且将这份手稿公之于众。

这份手稿上的一个细节引起了所有人的注意——在这张手稿上，有一个地方改了又改，竟然先后贴上了十二层小纸片。门德尔松将这些小纸片一一解开，发现最里层的那个音符，恰也就是最初构想时候写下的音符，竟然和最后完稿时候的音符完全一样。

或许有人会问，既然全部相同，那么这十二次的修改究竟有什么意义呢？但是贝多芬在在创作时候严谨的态度就取决于这十二层小纸片。

作曲对于贝多芬而言，是灵感的爆发、是思绪的表达，但同时，也是一项非常艰难的工作。据说，在创作歌剧《费德里奥》的时候，他甚至为其中一首合唱曲先后拟定了十几种开头，只选择了其中一个最令他满意的；而被世人最熟悉的《命运交响曲》第一乐章的主题动机，他也曾经先后有过十几种完全不同的构想。这些都说明了贝多芬在乐曲创作的过程中始终保持着严谨的态度，所以才能够有那样多动人的音乐流传于世。

故事微语

谨慎，不仅仅体现在人生态度上，同时也体现在我们的工作态度上。或许每个人都有过这样的经历，在我们上学的时候，总会因为马虎而做错题目，可是有很多学生并不把这种马虎放在心上。如果我们能够在心中树立“谨慎”二字，无论是在学习，还是在事业之中，自然能够少走很多弯路。

贝多芬之所以能够创作如此之多的音乐，不仅是因为他出众的音乐才华，同时还有他严谨的音乐态度。能够在自己的音乐手稿上先后修改过12次，就为了寻找到一个最合适的音符，这样的态度，让他收获更多的成功。

据说著名的诗人王安石在撰写《泊船瓜洲》中的佳句“春风又绿江南岸”中的“绿”字时，前后反复修改了很多遍。

谨慎的态度，可以成为我们事业上最大的动力，更能让我们在事业上更上一层楼。

心灵箴言

在薄冰上滑行，速度就是安全。

——[美] 爱默生

永远谨慎乃是至高无上的价值。

——[美] 马克·吐温

一事不谨，即贻四海之忧；一念不慎，即贻百年之患。

——康熙

谨慎比大胆要有力量得多，来证明看起来什么也不怕的人，是多么害怕对什么都小心翼翼的人。

——[法] 雨果

谨慎比其余任何智能使用得更频繁。日常生活中的草率事件使它发挥作用，对微小的事情产生影响。

——[英] 塞缪尔·约翰逊

用自信勇敢面对一切

故事话题

在中国古代战国时期，赵国有一个叫作毛遂的人，是赵国平原君门下的门客。有一日，实力最为强大的秦国军队包围了赵国都城邯郸，为了解除这个危机，赵国国王就派平原君到楚国求救。

接到命令之后，平原君立刻召集所有的门客，打算从中挑选二十名谋略过人的门客一同前往，去说服楚国发兵救赵。可是选来选去，只选到了十九名门客，还少一人。正在平原君非常为难的时候，只见一名青年走上前来，说道："我可以随您一同出使楚国，说服楚国君主发兵救赵。"

平原君一见，觉得这名门客非常面生，就问到："你叫什么？来到我门下多长时间了？"

"我叫毛遂，来到您门下已经三年有余。"

平原君听闻，有些不满，道："既然你都已经来了三年，却仍然是默默无闻，如果你真的有才华，就好比锥子处在囊中，它的尖梢立即就要显现出来，为何你却仍然默默无闻呢？"

毛遂回答说："并非是我无能，我只是从今天开始才进入囊中的。"

听到毛遂这样说，平原君就同意了带他一同出使楚国。

到了楚国之后，楚国君主只接见平原君一个人，让他的门客都等在宫殿外面。可是从清晨到中午，都没有讨论出结果。等在外面的毛遂站在宫殿之外大声叫嚷道："出兵的事，非利即害，非害即利，简单而又明白，为何楚王仍然不下指令？"

楚国君主听到外面大声喧哗，就让毛遂走进来，斥责道："我与你家主人说话，什么时候轮到你插嘴了？"

只见毛遂突然抽出侍卫腰间的宝剑道："如今十步之内，我就能取大王您的性命！"

楚国君主却并未发怒，反而肯定了毛遂的勇敢，最终也听从了他出兵救赵的分析，最终决定和赵国联合出兵抵抗秦军。

而这个故事，就是历史上著名的"毛遂自荐"的典故。

故事解析

在历史上，古人都非常懂得“自信”对于人生的重要性，李白曾说：“天生我材必有用。”数学家阿基米德曾说：“给我一个支点，我将撬动地球。”

自信，对于每个人都是非常重要的。当我们自信的时候，无论面对多么困难的处境，都不会失去人生目标，更不会妄自菲薄。

正如毛遂一样，尽管他在平原君的府邸中等待了三年的机会，但是他却从未因此而看低自己。当他等到了时机，哪怕是用自我推荐的方式，也要让平原君见识到自己的能力。这即是自信的表现。

有人说，心态是命运的主宰，如果我们内心之中始终自信，那么就不会因为低谷而看轻自己。当我们面对机遇、面对挑战，自信就是我们内心中的能力；当我们面对困境、面对低谷的时候，自信就成为我们绝地反击的动力。

故事穿越

从前，有一个农民家的孩子，因为家里非常贫穷，这个孩子只好每天跟着父亲下地种田，无法继续读书。可是每天在耕作的时候，别人都抽空休息一下，只有他眺望远方发呆。

父亲走上前去问：“孩子，你每天都在发呆，到底是在想什么？”

孩子就说：“我在想今后我要做什么。长大了我才不要种地，但也不去打工，最好是天天呆在家里，就有人把钱送到我手上。”

父亲听完之后哈哈大笑，拍了孩子后脑勺一下说：“别做白日梦了，赶紧干活吧。”

后来，他重返校园，并且努力读书。几年之后，他当了作家，每天在家里写作，出版社、报社就会将稿费送到他的家里。他完成了最初对父亲说的话，这个孩子就是台湾地区最受欢迎的作家之一——林清玄。

故事微语

我们常常都在想，能够成功的叫作梦想，不能成功的叫作幻想。如何能够成功，首先肯定是通过自己的努力，但同样，我们也需要自信面对。

林清玄怀抱的看似是一个幻想，但同样也是他的一份自信。他在成功之后，曾经对父亲说过这样一句话："没有什么是不可能的。"的确，或许在他小的时候，他的梦想听起来似乎是永远都不可能实现的，但是林清玄却非常自信。

自信，是人生走向成功的关键一步。

一个自信的人，可以在世人面前毫无顾虑地展现出自己的能力；一个自信的人，能够坦然面对自己的成功和失败；一个自信的人，能够拥有良好的心态；一个自信的人，能够拥有更好的人际关系。

当我们将自信变成自己的人生习惯，收获的将不仅仅是事业上的成功，更重要的是一个成功的人生。这里所指的"成功"并非是金钱物质方面的，而是指精神方面的胜利。

心灵箴言

自信是成功的第一秘诀。

——[美] 爱默生

人多不足以依赖，要生存只有靠自己。

——[法] 拿破仑

深窥自己的心，而后发觉一切的奇迹在你自己。

——[英] 培根

任何人都应该有自尊心，自信心，独立性，不然就是奴才。

——徐特立

让所有资源成为自身的筹码

故事话题

“股神”巴菲特从来都是投资领域之中的领头羊，在他的一生之中，鲜有投资失败的案例。有一段时间，法国产的葡萄酒受到全世界买家的喜爱，但是巴菲特对于这种说法却并不认同，他曾经这样说过：“或许产自于法国一个只有 8 英亩大的小葡萄园里的葡萄酒确实是全世界最好的，可是我总是有一些怀疑，现如今市场里的红酒，99%是吹出来的，只有 1%是喝出来的。”

有一次，在晚宴聚会上，云集了众多商界精英，主人为了聊表自己的心意，就从酒窖里拿出一瓶上好的红酒说：“巴菲特先生，这是法国最名贵的葡萄酒，是我托朋友特意买回来的，价格非常昂贵，所以想请巴菲特先生品尝一下。”

可是巴菲特却把手放在杯子上一挡，说道：“谢谢您的好意，不过您不用给我倒酒了，与其这样，还不如把钱给我。”

或许有人会认为巴菲特的这种行为非常不礼貌，但实际上巴菲特是在用这个方式告诉主人，之所以法国产地的葡萄酒能够在市场上如此值钱，并非是这瓶红酒里的酒有多么出众，而是凭借着品牌、名誉这些无形的东西才能达到在市场上的销售。

通过很多次投资，巴菲特对于投资有着自己的领悟——盈利能力非常高的公司，关键不在于公司拥有的有形资产，而是无形资产。能够合理利用这些资源，势必能够成功。

故事解析

合理利用身边资源，正是成功人士获取成功的一个重要元素。什么叫作“资源”？不仅仅是简单的人脉关系和那些所谓的应酬。

在我们年轻的时候，我们的资源就是我们无穷的动力和奋发向上的斗志，是一种初生牛犊不怕虎的勇气；正是因为有了这一切，才促使我们去奋斗，敢于做梦。当我们进入社会之后，我们的资源就是内心深处的正义感、是我们处理事情的原则。

这些资源，并非是能够看到的，而是一种无形资产。

当然，我们生活在社会中，就不可能没有任何人际关系，良好的人际关系同样也是一份资源。如果运用得当，不仅能够让我们从他人身上学到很多经验，同时也能作为一面镜子，让我们时刻参照。

故事穿越

阿里巴巴集团、淘宝网、支付宝创始人马云同样是一个非常懂得合理利用身边资源的商人，早在他创建阿里巴巴集团之前，他就通过这个能力获得了一次机遇：

在20世纪90年代中期，网络对于普通百姓而言，甚至对于各种媒体人而言，都是陌生且遥远的事物，但当时马云就已经意识到，互联网将成为今后最大的一个市场，所以他极力发展互联网络。

在1995年7月，他已经开办了一个中国黄页网站，却苦于没有任何影响力，后来他来到了北京，通过朋友介绍，认识了《北京青年报》报社里面的一名司机。或许在很多人眼里，会觉得一名司机能够做什么呢？可是马云却不这样想，他拿出自己事先准备好的媒体稿，交给了司机，对他说：“不管是什么媒体，希望你能帮我把这个稿子发出去。”

司机一看，自己如此受到重视，也非常投入，很快，他就帮助马云将媒体稿发给了五家报社，并且得到了刊登，其中对马云而言，最重要的当属《中国贸易报》。后来，该报社副总编联系上了马云，成为他互联网络理论的支持者。

故事微语

合理利用资源，这同样也能够成为我们的人生习惯之一。当我们在思考问题、考虑局面的时候，能够考虑到周围的资源是否能够用“资源重组”等方式去完成我们的梦想，可以说，这是成功道路上的一条捷径。

在很多人眼里，报社司机不过只是报社中的一个小人物，按道理是不会成为什么关键性人物的，甚至有很多人即便是认识了这样的小人物，也根本就不会想到他能够为我们做什么。可是马云却成功地运用这样一个人物达到了自己的初衷。这就是合理利用自己的资源的成功案例。

在我们的生活之中，同样也有这样的资源围绕着自己，能否发现他们才是整个问题的关键！合理利用资源，不仅能够有意想不到的收获，同时能够更加固我们的人脉关系。

我们常常会感慨，有很多朋友在经过一段时间之后，联系就逐渐减少，但是当我们能合理利用资源之后，你就会逐渐发现，人脉关系也会逐渐变得融合起来。而这种融合逐渐就会进入良性循环，成为我们新的资源。

心灵箴言

信心与能力通常是齐头并进的。

——[英] 约翰逊

深窥自己的心，而后发觉一切的奇迹在你自己。

——[英] 培根

坚决的信心，能使平凡的人们，做出惊人的事业。

——[英] 马尔顿

有信心的人，可以化渺小为伟大，化平庸为神奇。

——[爱尔兰] 萧伯纳

能够使我飘浮于人生的泥沼中而不致陷污的，是我的信心。

——[意] 但丁

第四篇

生活道路上的情绪风向标

任何一个人都会有自己的脾气，但是这些并不能成为影响前行的阻碍。我们学会微笑，是为了让别人感受到我们的友好；我们学会礼仪，是为了让别人感受到我们的真诚；我们学会乐观，是为了更加勇敢地面对生活。

努力成为礼节上的完美之人

故事话题

吉姆·佛雷自幼家境贫寒，在他很小的时候，他的父亲就过世了，只剩下他和母亲、兄长相依为命，为了讨生活，他只能离开学校，去砖厂做搬运工来补贴家用。就是这样一个没有高学历、好家庭的男人，最终却进入政坛，并且担任民主党要职，并且成为英格兰国家邮政局邮政首长。

对于吉姆·佛雷这种如此成功、励志的故事，很多媒体都争相报道。其中有一位记者非常直接地询问吉姆·佛雷："请问您现在如此成功，秘诀是什么呢？"

吉姆·佛雷想了想说道："其实和很多人一样，就是辛勤工作啊。"

记者不太相信，就说道："您这是在开玩笑吧，我听说您可以一字不差地叫出一万个朋友的名字，请问这是真的吗？"

吉姆·佛雷说："记者朋友，您的消息是错误的，我能够叫上名字的朋友，少说也得有五万人。"

毫不夸张地说，这正是吉姆·佛雷的成功之处，也是他的过人之处。当他每认识一个人的时候，首先就会记住这个人的名字、兴趣爱好、家庭状况、从事的工作，以及这个人的政治立场。当他再次见到这个人的时候，就能够亲切地走上前，像个好兄弟一样拍拍他的肩膀，询问下他的近况，家人的身体等等。这样一来，周围的人都会认为吉姆·佛雷是一个和善可亲的人。

所以，吉姆·佛雷说过这样一句话："每个人都希望他人能够记住自己的名字。而能够正确地叫出他人的名字，对他人来说，都是一种尊重和友善的表现。"

故事解析

每个人都喜欢有完美礼仪的人，这就好比我们每个人都会努力欣赏美好的事物一样。和懂得礼仪的人交往，我们往往会感觉自己备受重视，感受到自己受尊重。

吉姆·佛雷只是通过见一面就能够记住对方的姓名、家庭状况等情况，当别人第二次见到他的时候，吉姆仍然能够说出他的很多信息，这本身就让人感到心情愉悦。

文明礼仪在我们的生活中随处可见，总是发生在很多小事中，却总是被人忽略。所以，要把文明礼仪融入到现实生活中去，从小培养，形成良好的习惯。

除此之外，礼仪还体现在公共文明之中，比如我们在公共场合要注意自己的言行，不大声喧哗、自觉排队……这些都是我们需要在生活之中注意到的习惯。当我们的礼仪成为一种习惯，自然而然的，这些礼仪都会变成行为准则，并且成为我们言行的标准。

故事穿越

东汉末年的文学家孔融自幼就是一个非常懂得礼仪的人，历史上著名的典故“孔融让梨”就说明了他注重礼节。

这是发生在孔融年仅四岁的时候，有一天，正好是他祖父六十大寿，于是就大宴宾客，到了最后，母亲端上了一盘梨，让孔融拿着给大家分一下。孔融就端着盘子，按照长幼次序来分，每个人得到了自己的那一份，唯独到了他这里，他留下了最小的一份。

父亲看到了之后就问他为什么要给自己留下最小的那一份呢？

孔融说道：“树有高的和低的，人有老的和小的，尊敬老人孝敬长辈，是做人的道理！我最小，就应该拿最小的梨，大个的梨自当要给哥哥们吃。”父亲听完之后，非常高兴。

又过了几天，父亲的朋友又送来一盘梨，这一次家里正剩下孔融和几个兄弟，父亲又让孔融去分梨，孔融仍然是拿了最小的一个。父亲问他：“你为什么拿小的，不拿大的呢？”

孔融回答道：“在哥哥面前，我是弟弟，自然应该吃最小的。”

“那为什么你要给弟弟小的呢？”

孔融又说：“因为我是哥哥，应该让着弟弟，所以我还是要吃最小的。”

很快这个事情就传遍了孔融的家乡，也流传后世，成为千古美谈。

天道酬勤

故事微语

中华民族自古就是礼仪之邦、文明古国，在历史上，古人一直都很重视道德修养和文明礼貌，以及在这方面对子女的教育，让他们同样成为具有传统美德的人。所以流传下来很多历史典故，比如“孔融让梨”、“让枣推梨”、“宾至如归”等等。

一个素质高、有教养的现代文明人，必须有良好的文明礼仪。文明礼仪不仅仅能带给他人愉悦的心情、和谐的相处，甚至能够创造出充满爱心的环境。正所谓“赠人玫瑰，手有余香”，当我们开始注重礼仪之后，让它成为个人习惯，别人自然也能够感受到，并且以同样的态度处之。

古人有云：“仓禀足，知礼仪。”在现如今这个物质日益丰富的年代，礼仪已经成为我们生活之中非常重要的一个方面，从餐桌礼仪到办公室礼仪，从职场礼仪到会场礼仪……这些都说明，礼仪不仅仅能够成为我们每个人涵养、素质方面的体现，更能够成为我们成功人生的关键因素。

心灵箴言

君子忧道不忧贫。

——孔丘

贫而无谄，富而无骄。

——子贡

静以修身，俭以养德。

——诸葛亮

强本而节用，则天不能贫。

——荀况

侈而惰者贫，力而俭者富。

——韩非

奢者狼藉俭者安，一凶一吉在眼前。

——白居易

夫君子之行，静以修身，俭以养德，非淡泊无以明志，非宁静无以致远。

——诸葛亮

万事无难事 唯有自觉心

故事话题

著名的思想家、哲学家、教育家、社会活动家、爱国民主人士、著名学者、国学大师梁漱溟先生自幼就是刻苦自觉的孩子，他能够成为一代国学大师，就和他自觉学习有着密不可分的关系。

在梁漱溟先生小的时候，家里就为他请来一位饱学之士当老师，可是刚开始没多久，这位老师就生病了，没有办法给梁漱溟上课。一个月之后，老师病好了，再来上课的时候，发现他已经自学完了《庄子》。

老师非常吃惊，连忙问他，是怎么做到的？

原来梁漱溟制定了一个学习计划，即便是没有老师，他也按照自己最初的计划读十页书，抄十页书，背十页书。

就是凭借着这种自觉性，梁漱溟在不到二十岁的时候，就发表了多篇研究古印度哲学的很有创见的文章。

后来，梁漱溟准备报考北京大学，但是很可惜的是，他的总分不够，不能录取。恰好北京大学的校长蔡元培先生曾经读过梁漱溟的文章，认为他是一个非常优秀的人才，就对他说：“虽然你不能来这里当学生，但是你在文学、哲学方面的才华，足以担任教授一职。”就这样，梁漱溟成为北京大学的一名教授，不久之后，他就完成了轰动中外学术界的作品《中西文化及其哲学》。

故事解析

自觉，是一种从内心之中发散出来的意志品质，很多人总是在学习、工作方面提出自觉性作为关键词，但实际上，自觉性并不仅仅是一种心态、一种品质，更是一种习惯。

当我们在生活中保持一定的自觉性，生活就会变得有条不紊，久而久之，这种生活的规律不仅能够促进我们的生活，即便是在身体健康方面，也会有所体现。

自觉，在工作方面、在学习方面，都是非常良好的一种习惯，就比如梁漱溟，正是通过自觉学习，从而成为著名的思想家、哲学家、教育家。如果我们也能够将这种自觉性运用到工作之中，自然也能够取得非常不错的成绩。

在现如今的生活中，很多人都存在“拖延症”的情况，无论是在工作，还是在生活中，总是将需要做的工作无限期地延后，甚至有人不拖到最后一刻总是有借口不去做，而自觉性则是治疗拖延症的唯一方法。

自觉，能够让我们及时完成自己的工作，同时也能让我们用积极的态度去面对生活，从而收获更多的精彩。

故事穿越

明代大学士徐溥同样也是一个自觉性非常高的人，在他的少年时代，他和绝大多数的学生一样，在私塾里面念书。但是和其他学生不同的是，徐溥一直是一个非常自觉的孩子。私塾先生发现徐溥常常掏出一个小册子，起初他还以为是小孩子的玩物，后来才发现原来是儒家经典语录摘抄。

为了规范自己的行为，徐溥为自己准备了两个小瓶子，分别用来储藏黄豆和黑豆——如果他做了一件好事，就在瓶子里装一颗黄豆，反之，如果他做了一件不太好的事情，或者是犯了错误，就在瓶子里装一粒黑豆。通过这样的方式，时刻提醒自己，不断完善自己。后来，直到他做了大官之后，仍然如此自觉地进行自省。

正是凭借着这种持久的约束和激励，徐溥最终成为明朝一代名臣。

故事微语

徐溥通过自觉地反省，完善自己。由于自觉性已经成为他生活之中的一个习惯，其实并不需要花费很多时间，就能够收获人生之中的成功。

自觉的人，往往能够收获非常高的工作效率，在有限的时间里，完成更多的工作。无论在什么时候，常常会听到大家说要节约时间，努力提高效率，可是如何能够提高呢？自觉性就是其中的关键。

因为自觉，我们方能专注；因为自觉，我们才能充满了积极性；因为自觉，我们更可以主动去做一些工作。这些都是自觉性带给我们生活的正能量。

努力做一个自觉的人，不仅能让我们的生活更精彩，更能让我们的人生充满无限可能。

心灵箴言

坚实在于锻炼，锻炼在于自觉。

——毛泽东

人们的自觉行动是受感情支配的。

——[英] 欧文

经常地、自觉保持平衡，实际上就是计划性。

——[苏联] 列宁

青年人往往自视聪明，就像醉汉自觉清醒一样。

——[英] 切斯特菲尔德

理解和熟记结合得越好，知识就会获得得越自觉。

——[苏联] 苏霍姆林斯基

乐观心态 收获人生

故事话题

乐观的心态，能够让一个原本平凡的人收获一个成功的人生，也能够让一个不幸的人收获简单的幸福和坚定的信念。

百岁老人柴田丰的诗集在日本大受欢迎，风头一时无人能比，人气直逼日本最著名的作家之一村上春树。很多读者都说，看了柴田婆婆的诗集，就仿佛感受到一丝清爽的风吹拂脸庞。可是，就是这样一个写出温暖世人的作品的作者，她的一生却充满了坎坷。

在她20岁之后，因为父母的关系，嫁给了第一任丈夫，但是很快她就发现，对方是一个无赖，无奈之下，她只好选择离婚。

在她33岁那年，她的爱情之花终于开花结果，嫁给了一个厨师，幸福地度过一段时间，然而又没过多久，丈夫因病过世。自此之后，柴田丰便对爱情死了心，选择了独自生活。

然而，她并没有因此放弃自己、放弃生活，平日里，她时常和自己的老邻居们跳跳舞、锻炼身体。她热爱文学，喜欢阅读，就专门给自己打造了书房；她热爱化妆，子女们就常常买来护肤品、化妆品，让老太太自得其乐，尽管没有人再去欣赏她的美丽，可是她仍然喜欢化淡妆，即便是不出门，也要化上淡妆，为的就是自己照镜子的时候能够看到自己的笑容。

在她92岁的时候，因为儿子无意间的一句话，她开始写诗，尽管没有那些华美的辞藻，但是字里行间，都充满了一个90岁高龄的女子对于生活、对于爱情、对于希望的感悟。在她98岁那一年，她的处女诗集出版，并且引起了日本读者们的关注。

就是这样一个保持乐观心态面对生活所有坎坷的女人，在她寂寞生活了半个世纪之后，她用自己的感悟传递给世人一种态度——人生，本来就充满了阳光和希望，只要你乐观面对。

故事解析

乐观，是对生活的一种坦然面对，无论我们遭遇了什么，乐观能够成为我们最坚强的后盾。乐观不仅仅是简单的快乐，也不是一个单纯的微笑，而是人生的一种大智慧。

在现实生活中，太多人正是缺少了这种乐观积极向上的心态，从而觉得人生苦短，似乎做什么都充满了困难。其实，人生之事不可能完全如意，如何看待，就和人的心态有直接的关系——有的人往往看不到如意之事，满眼只见不如意，或者将不如意之事不断放大，自然就觉得生活充满了艰辛，满眼哀怨；而另一种人恰恰相反，他们往往能够忽略掉生活之中的不如意，每天都过得非常满足且快乐，这种人是生活的智者。

日本诗人柴田丰在一生之中遭遇了无数挫折，可是柴田丰却从来不认为自己的生活充满了坎坷，或者是埋怨命运不公，她依然保持着乐观的心态去面对生活。即便是已经到了90岁高龄，她仍然没有放弃自己、放弃生活。当她看到现在的年轻人在面对生活中的一点小挫折时，就变得脆弱，于是便用自己充满智慧、充满温情的文字，安抚当下人焦躁的内心。

因为乐观，我们才能更加坚强，能够在生活不如意的时候，依然保持一种积极的心态，去克服这些困难，更能让我们的内心真正强大起来，成为生活之中的强者。

故事穿越

著名小说家巴尔扎克的文学道路其实并非一路畅通，在他成名之前，他同样经历过很长一段时间的挣扎和痛苦。

原本，巴尔扎克是学习法律的，但是这并非是他自己的梦想，而是父亲对他的期望。所以当刚刚毕业的巴尔扎克站在父亲面前对他说，自己一点都不喜欢法律，更想做一名作家的时候，我们不难想象他父亲的震惊和盛怒。

但是巴尔扎克却坚持自己的想法，毫不妥协。为此，父亲便决定，不再向巴尔扎克提供任何生活费用，希望用这种方式让他妥协。很快，没有了生活来源的巴尔扎克就陷入了窘困的生活境地。他没有任何生活来源，往出版社寄出的手稿又毫无音讯。

这样穷困的处境并没有让巴尔扎克感到绝望，他依旧乐观地面对这一切。在最困难的时候，他每天只能吃一点干面包就着白开水，可是他非常乐观，就餐的时候，他就在桌子上画很多个盘子，并且在盘子上写好“香肠”、“火腿”、“牛排”等字样，然后想象着自己正在享受这样的美食，狼吞虎咽地吃下难以下咽的干面包。

后来，在这种狼狈、穷困的日子里，巴尔扎克却用自己最后的一点积蓄买了一根手杖，并且请人在手杖上刻下一行字——“我将粉碎一切障碍”。事实上，巴尔扎克正是这样做的，在任何困难面前，他从未妥协和退缩，依旧是乐观地面对。果然，功夫不负有心人，最终巴尔扎克不仅成了小说家，并且成为世界最著名的小说家之一。

我将粉碎一切障碍
牛排
火腿

故事微语

巴尔扎克之所以能够战胜生活的贫苦，从而完成自己的梦想，最终成为流传千古的著名作家，首先是他坚定的信心，其次就是来源于他内心对于生活的乐观。如果没有这份乐观，现实生活之中的贫困或许就会击垮他内心的坚定，又或者让他向父亲妥协，那么世界上就会少了一位伟大的作家，只是多了一个非常平凡的律师。

乐观，能够成为我们坚持生活的勇气，也能够成为我们人生的盾牌。当我们面对失意、面对挫折和失败，需要的不仅仅是自信和勇气，更需要乐观。

在我们的情绪中，总是有一种悲观的情愫，这种悲观的情愫常常会影响我们的判断，更容易影响到自我定位，让我们开始怀疑自己的能力，甚至开始妄自菲薄；而乐观，正是强大我们内心的真正武器。

有人说："悲观是一场无形瘟疫，影响着我们的情绪；而乐观则是一场甘露，温润着我们的内心；悲观只能让人更加平庸，乐观才能造就卓绝；从成功的人身上，我们不难发现乐观的精神，从平庸的人内心，我们只能找到忧郁的影子。"所以，请做一个乐观的人，积极面对生活之中的任何坎坷。

心灵箴言

乐人之乐，人亦乐其乐；忧人之忧，人亦忧其忧。

——白居易

一个人也许会相信许多废话，却依然能以一种合理而快乐的方式安排他的日常工作。

——[英] 诺曼·道格拉斯

我们曾经为欢乐而斗争，我们将要为欢乐而死。因此，悲哀永远不要同我们的名字连在一起。

——[捷克] 伏契克

一个人的特色就是他存在的价值，不要勉强自己去学别人，而要发挥自己的特长。这样不但自己觉得快乐，对社会人群也更容易有真正的贡献。

——[美] 罗兰

做一个人生之中的强者

故事话题

为人熟知的小说《钢铁是怎样炼成的》的作者保尔•柯察金几乎就没有过童年时光，在他很小的时候，父亲就过世了，全靠着母亲给人家洗衣服维持生计。在保尔12岁的时候，他到车站食堂去当杂役，在这里他看到很多麻木不仁的人过着庸庸碌碌的生活，从此保尔的内心就对那些整日欺压穷苦百姓的有钱人产生了强烈的愤慨。

后来，保尔进入了部队，成了一名骑兵。在训练之余，他开始接触到文学。一次战斗中，他的头部受了重伤，即便是康复之后，也无法再到战场上去保家卫国。但是他依旧乐观顽强地面对一切。不能投入到战场上，那么就投入到建设国家的工作上，他开始去修建铁路，为此，他原本就非常不好的身体就变得更为脆弱。很快，他就感染了肺炎，只能到疗养院去修养。

就是在这个期间，保尔找到了他人生另一个更好的工作——写作。尽管此时他已经全身瘫痪、双目失明，但是这些痛苦并没有将这个充满战斗激情的战士束缚住。他先是用硬纸板做好框子，开始还能够自己支撑着写作，后来由于身体原因，他不得不找人代笔，自己口述。就是在这种情况下，他用生命书写的小说《钢铁是怎样炼成的》终于出版了。

故事解析

在我们的成长经历之中，我们不会一帆风顺，而是要感受人生的跌宕起伏，要品尝到酸甜苦辣。我们会品尝到成功的喜悦，自然也会有失败的痛苦。但是，有些人却能做到，即便是倒下了一千次，也会拥有一千零一次站起来的勇气。这就是生活之中的强者。

保尔·柯察金作为一名革命战士，他不仅仅是革命斗士，同时也是生活之中的强者。在面对敌军强劲的炮火的时候，他用勇气奋力拼搏；当面对身体上的疾病和生活上的困难的时候，他以一种强者的姿态迎风矗立。

我们要成为生活中的强者，就必须学会直面挫折、坦然面对、永不退缩、勇往直前；就要勇敢地向挫折挑战，不轻易向挫折低头；就要战胜挫折、克服困难。只有如此，人生才能更充实，更加有意义。

故事穿越

台湾著名作家杏林子同样也是一名残障人士，可是她用自己的坚强谱写了一曲生命赞歌。

杏林子的童年和普通孩子没有什么两样，她也是一个活泼开朗的女孩，但是在她六年级那一年，她患上类风湿性关节炎，不仅行动上造成了不便，每到发病的时候，就手脚肿胀，痛苦不堪。因为疾病，她无法像正常人一样在学校里学习，只能留在家里。

她的母亲为了照顾她，也只能留在家里，一边和她与病魔作战，一边帮助她学习、广泛阅读。在杏林子 17 岁那一年，她开始学习写作。可是由于疾病，她在写作的时候，只能弯着腰、弓着背，这样的姿势根本就无法长时间坚持，可是为了写作，杏林子顽强地坚持着。

凭借着自己非凡的意志力，她就用这样的姿势日复一日、年复一年地坚持着，用自己的双手写下了无数励志的文字。在她的书出版之后，她的事迹感动了无数的读者，成为 20 世纪 70 年代最受欢迎、最有影响力的作家之一。

除了写作，杏林子在成功之后，一直致力于帮助残障人士，并且创办了伊甸残障基金，身体力行，用自己的能力力所能及地帮助残障朋友们。

故事微语

有这样一句歌词："不经历风雨，怎能见彩虹。"我们时常会面临生活之中的很多困难，可是再大的困难，都不会击退一个强者的勇气，更不可能让强者去妥协，这就是自强的力量。

自强，是钢铁般坚硬的勇气；不息，是大海般永恒的意志。只有这样靠自己的奋斗得来的成绩，才是最积极、最稳妥的人生。

正如陶行知所言："滴自己的汗，吃自己的饭，自己的事情自己干。"

是的，我们是自己生活的主人，没有人能够替我们做主。如何能够让我们的人生走向成功？如何能够让我们收获人生之中的幸福？答案是只有自己的双手才是唯一真实的依靠。

做生活之中的强者，就在属于青春的岁月之后，勇往直前，去争取真正的胜利吧。

心灵箴言

强者容易坚强，正如弱者容易软弱。

——[美] 爱默生

苦和甜来自外界，坚强则来自内心，来自一个人的自我努力。

——[美] 爱因斯坦

只有刚强的人，才有神圣的意志，凡是战斗的人，就能取得胜利。

——[德] 歌德

自尊是人生航行的风帆

故事话题

自尊，是每一个人都需要的一种品质，无论贫穷，还是疾病，自尊都是我们人生之中最不能缺少的。法国名将狄龙对自尊有着非常深刻的感受。

那是发生在一场激烈的战斗之中，狄龙率领着自己的士兵正准备进攻一个城堡，这个城堡是整个战局的关键点。如果能够取得这个城堡，对于整个战局都是一个转折，所以狄龙是抱着势在必得的心态。

但是由于敌军的顽强抵抗，他所率领的步兵团被对方火力压住无法前行，心急之下的狄龙立刻对他的部下大声说道：“战士们冲啊，你们谁能够炸毁城堡，我奖赏给你们 1000 法郎！”

正所谓“有钱能使鬼推磨”，狄龙原本以为，他这一番话会成为战士们的动力，他们会前赴后继，最终冲破敌人的火力。可是让他没想到的是，所有的士兵都停住了。狄龙非常生气，以为士兵们都是贪生怕死，就大骂他们太过懦弱，有损法兰西国家军队的尊严。

其中一名军人大声喊道：“长官，如果你不提悬赏的事情，我相信所有的战友都会前赴后继，向敌人发起进攻，我们为的是自己作为军人的尊严，而不是为了你说的那 1000 元法郎。”

狄龙一听，立刻明白了自己犯了一个错误，于是他又发布了一条命令，大喊道：“全体将士，为了我们共同的法兰西，前进！”这一声令下，全部战士都冲上战场，和敌人厮杀起来。在战争结束之后，全团 1194 名士兵，只有 90 人生还。在死亡面前，没有一名士兵胆怯、退缩，他们用自己的生命捍卫了属于军人的尊严。

故事解析

尊严，是在塑造人格的过程中必备的关键要素，同样，也是做人的基本准则，是我们每个人为人处世的底线。

尊严，和金钱无关、和物质无关、和地位同样无关，真正有关的只有我们内心对于尊严的定义。正如同狄龙将军的命令一样，尽管他的初衷是为了让战士们奋勇杀敌，所以用金钱作为奖励，可是他并没有想到，这样的命令却践踏了他们作为一名军人的尊严。在狄龙将军改变了命令之后，他们全部用生命捍卫起自己的尊严。这就是尊严的力量。

自尊，是让我们无论在什么情况之下，都保持着昂首挺胸的姿态，是抵抗诱惑的最佳武器——当我们面对威逼利诱的时候，正是尊严，让我们坚定了自己内心深处的声音；当我们面对虚荣名利的时候，正是尊严，让我们选择拒绝，任何世间的珍宝都不足以让我们放弃自尊。因为尊严，才是最无价的！

故事穿越

美国最著名、最受人尊敬的总统林肯，他的父亲是一名非常普通的鞋匠。在当时，美国社会有这样一种恶习——非常重视别人的出身和门第，所以在林肯走上政治道路的时候，别人都非常看不起他。

其中有一次非常尴尬的遭遇：在林肯竞选总统的时候，有一次他到参议院演讲的时候，一个参议员由于看不起林肯，直接站在林肯面前，非常高傲地说道：“林肯先生，不管您现在是什么身份站在这个演讲台上，可是我希望你能记得，你是一个鞋匠的儿子。”

这一句话让在场所有的人都陷入了尴尬的安静之中，大家静静地看着林肯，想要看他如何应对，究竟是恼羞成怒，还是尴尬离席？

然而，林肯听完之后，只是转过头，对参议员说道：“我非常感谢您自始至终记得我的父亲，也让我在此时此刻想起了我的父亲，尽管他已经过世了，但是我知道我做总统，一定没有办法像我父亲做鞋匠做得那样优秀。”

参议员听完之后，陷入了沉默。而林肯继续说道：“据我所知，我的父亲曾经也为您服务过，倘若您的鞋子现在不合脚了，或者出现了损坏，我也可以为您进行修补。尽管我并不是什么伟大的鞋匠，可是我从小就看着我的父亲如何做鞋，也学了一点技术，请您放心，我一定尽力帮忙。尽管我无法像我父亲那样伟大，因为他的手艺是无人可比的……”说着说着，林肯流下了真诚的、思念父亲的泪水，赢得了参议院真诚的掌声。

故事微语

在我们的生活之中，总会有这样的比较——比较家世、比较金钱、比较地位、比较物质……攀比之风带来的势必就会让某些人得意洋洋，让某些家境比较贫寒的孩子自卑。又或者，有的人会因为自身的样貌、身材等方面而形成自卑心。

与其在这些问题上自卑，倒不如学习林肯先生的自尊——林肯同样出身贫寒，他的父亲只是一名最普通的鞋匠，而他却最终打败了所有对手。为了打击林肯，他们时刻用林肯的出身来抨击他，可是带给林肯的却并非是自卑，他以幽默的方式让世人看到了一位鞋匠儿子的尊严！

是的，在生活之中，尊严和任何物质方面都没有必然的直接联系，更不会因为家境贫寒就没有尊严可谈。我们真正应该尊重的，并非是那些花钱如流水的富翁，而应该是饱学之士、生活中的强者，因为他们，尊严有了新的定义。

心灵箴言

自尊心不可无，自贱心不可有。

——邹韬奋

自尊心是一个人灵魂中的伟大杠杆。

——[俄] 别林斯基

人假使没有自尊心，那就会一无价值。

——[俄] 屠格涅夫

自尊心是个膨胀的气球，戳上一针就会发出大风暴来的。

——[法] 伏尔泰

世界上最悲惨的事莫过于毫无理由地被人贬低而无法翻身的了。

——[法] 巴尔扎克

第五篇

习惯如我 在挫折中学会成长

生活之中，我们难免会受到挫折，或者遭遇失败，这是每个人都无法真正避免的。但是，我们要学会如何不被困难和失败所击垮。当我们拥有了顽强的意志、积极的心态，习惯用正能量去看待生活中的种种不足，那么，我们自然会成为一个强者。

用积极的心态去面对

故事话题

富豪李嘉诚富甲一方，他曾一度成为“香港首富”，但是李嘉诚从来都不浪费一分钱。

有一次，李嘉诚从会所出来准备回家，在拿车钥匙的时候，从兜里掉出来两元钱的硬币，这枚硬币掉在地上之后，就滚到了车底下，并且卡在了车轱辘处。当时的情况是，如果李嘉诚不弯腰捡起这枚硬币，只要一开动车子，这枚硬币就会掉下下水道。

看到这种情况，李嘉诚毫不犹豫地准备弯腰捡起硬币。恰好在这个时候，会所的门卫看到了这边的情况，就连忙跑过来，弯腰从车底下捡起了两元硬币，交还给李嘉诚。李嘉诚接过钱之后，又给了门卫100元港币作为酬谢。

这个故事后来被媒体人知道了，他们在采访的时候，问李嘉诚既然能为了捡2元硬币而弯腰，为什么后来还会给门卫100元酬谢呢？

李嘉诚回答道：“我弯腰捡起硬币，并非是因为我爱钱，如果我不去捡那2元硬币，等我一开车，这两元硬币就会滚到下水道里，那么它就失去了它的意义。给了门卫100元钱，那么他就会拿这个钱去消费，这个钱并没有失去作用和意义，并且还促进了市场。”

在李嘉诚的心里，他最关注的并非是自己兜里的钱，更重要的是社会总价值，如果社会总价值增加了，那么个人损失一点点钱，并不算什么；相反，倘若是社会总价值减少了，自己即使收获了一定的财利也是损失。

正是因为他有这样的理财观点，所以在生活、事业方面，一直本着一种积极的心态，所以才能让他收获真正的成功。

故事解析

以积极的心态去面对挫折，是生活教会我们的哲理。有很多时候，我们总是习惯性地低调，这或许是由于中国人比较信奉“中庸之道”，但是这并不代表我们要用消极的心态去生活。

无论是在工作、事业方面，还是在家庭生活方面，永远都不要担心出现问题。有很多人都有一种“鸵鸟心态”，认为只要没有发现问题，就仿佛是真的没有问题了，但是这种自欺欺人的方法，对于我们解决问题毫无帮助。倒不如选择用积极的心态去面对问题，努力寻找解决问题的真正方法，从而解决掉隐患。

李嘉诚在解决问题的时候，往往就会选择用积极的态度。两元硬币对于他而言，绝对是小到不能再小的数额，可是他却认为，宁可花费 100 元钱让它变得有价值，也不愿意为了省下兜里的 100 元，而让两元钱消失它作为金钱的意义。这就是一种积极的心态。

所以，无论遇到什么样难以抉择的问题，积极面对才是真正解决问题的方法。

故事穿越

1902年诺贝尔物理奖获得者塞曼从小就是一个成绩非常普通的孩子，没有任何迹象表现出他在某个方面有着过人的才华。塞曼的母亲看着儿子对于学习一点都不积极的状态，内心非常着急。

有一天，母亲将塞曼叫到自己面前，给他讲起了一件往事：

那时候，母亲身怀六甲，马上就要到了预产期的时候，老家突然遇到了大洪水，她也被洪水卷入了波涛之中。当时的情况非常紧急，很快母亲就在洪水里挣扎着用尽了所有的力气。在疲惫之下，她曾经想过放弃，可是转眼她又想到肚子里的孩子，于是拼尽力气，抓住了一个屋檐的一角。

就这样，她终于以积极的态度等到了救援队，死里逃生。洪水还未退去，小塞曼降生了。看着襁褓之中的婴儿，母亲脑海之中想到了荷兰人的一句古训："我要挣扎，我要探出头来！"

听到母亲讲述这个他并不知道的往事，塞曼内心充满了激动之情。他从不知道母亲为了自己付出了这么多努力，如果他再不积极学习、积极面对生活、积极去奋斗，他如何能够对得起当初母亲在洪水之中的苦苦挣扎呢？

在此之后，塞曼开始积极读书、积极生活，为了鼓励自己，他将母亲的照片做成了项链坠，时刻挂在胸前，提醒自己，无论遇到什么坎坷，都要用积极的心态去面对。后来，塞曼考上了大学，大学毕业之后，他留在学校成为一名助教。可这个时候，他的母亲却因为疾病过世了。

站在母亲的墓碑面前，塞曼虽然伤心、难过，但是同样在内心暗暗发誓，这一生无论遇到了什么事情，都要积极去面对、去克服。就是在这种激励之下，塞曼最终凭借着"塞曼效应"获得了1902年诺贝尔物理奖。

故事微语

我们的生活中，总会出现很多我们本身并不愿意看到的事情发生，比如自然灾害、人为破坏、亲人离世、健康摧毁等等，可是这个世界并不以我们个人意志为主，我们仍然会遇到各种各样的问题。

可是，面对问题时候的心态却能够成为我们人生的转折点。

塞曼的母亲在面对洪水的时候，没有坐以待毙，更没有盲目等待，而是努力挣扎，最终不仅成功地战胜了洪水，还保住了孩子的性命。而塞曼在面对业绩平平、不愿努力的处境的时候，终于明白积极进取的重要，最终成了著名的科学家，并且获得了诺贝尔物理学奖。

纵观古今，能够以积极心态去面对生活、面对挫折的人，往往能够战胜它们，这就是积极的力量。

心灵箴言

面对光明，阴影就在我们身后。

——[美] 海伦·凯勒

微笑乃是具有多重意义的语言。

——[瑞士] 施皮特勒

生活就是面对真实的微笑，就是越过障碍注视将来。

——[法] 雨果

女人出门若忘了化妆，最好的补救方法便是亮出你的微笑。

——[美] 辛迪·克劳馥

当生活像一首歌那样轻快流畅时,笑颜常开乃易事；而在一切事都不妙时仍能微笑的人,才活得有价值。

——[美] 威尔科克斯

诚信 一个成年人的原则

故事话题

晏殊是北宋时期著名的文学家和政治家，更是一个诚信的人。

在中国古代，曾经涌现出很多神童，比如唐伯虎、张居正等人。在北宋时期，这些拥有非凡能力的神童可以不经过科举考试，通过地方推荐就能得到官职。晏殊所在地的地方官也很器重他，认为他今后一定能够出人头地。

可是，晏殊却不愿意通过这样的方式去取得功名，还是和普通士子一样参加了科举。但是在考试的时候，晏殊发现，考试的试题竟然是他曾经做过的，并且得到过名师的指导。所以，他从众多考生之中脱颖而出，就连当时的皇帝都称赞他的才华。

经过科举考试取胜的考生，要进行殿试，晏殊在见到皇帝的时候，非常坦诚地说出自己为什么能够在考试之中取得成绩，都是因为曾经做过这样的题目，所以才高中。这对于其他考生并不公平，他觉得这样胜之不武，于是要求皇帝另出题目。

皇帝非常欣赏晏殊的坦诚，于是就和满朝文武大臣又重新出了一道难度更高的题目，晏殊根据新的题目重新作答，同样是赢得了满堂喝彩。就这样，皇帝更加欣赏他了。

故事解析

诚信，不仅仅是一个词汇，更是一种人生态度、一个人生哲理。纵观历史，有太多因为诚信而成功的案例，晏殊正是因为注重诚信，不仅说出了考试取得好成绩背后的秘密，并且让皇帝再考他一次。皇帝之所以欣赏他，就不仅仅是因为他才华过人，更重要的，晏殊是一个非常讲究诚信的人。

诚信就好比是肥沃的土地，能够为无数幼苗提供营养；诚信又好像是最普通、最常见的水，却能够滋润着小树舒枝展叶，天天向上；诚信是我们人生的根，将魄力与智慧提供给生长中的树干。

对于任何人而言，诚信都是非常重要的，对于商人而言，诚信就是品牌的象征；对于学生而言，诚信就是一面让我们自省的镜子；对于工人而言，诚信就是生活的效率，让我们无时无刻都不会忘记它的存在。

所以，做一个诚信的人，养成诚信为本的习惯，无论是在做人，还是在事业上，都会有非常大的进步。

故事穿越

华盛顿在很小的时候，很是顽皮。有一天，他的父亲送给他一把小斧子，华盛顿很喜欢。他常常看到父亲用大斧子砍树，就想，自己这把小斧子能不能砍倒树呢？于是华盛顿就拿着小斧子走到花园里，正好看到了里面那棵樱桃树。

这棵樱桃树是父亲非常喜欢的，他原本有点犹豫，但是又看了看手中的小斧子，他还是举起小斧头向樱桃树走去，只听咯嚓一声，樱桃树成了两截，倒在地上。华盛顿又将樱桃树的树杈砍下去，将木棍做成一个玩具，开开心心地和小朋友们去玩骑马打仗的游戏去了。

到了晚上的时候，父亲下班回家了。刚一进家门，父亲就看到了他心爱的樱桃树竟然被砍倒了。他非常生气，立刻就把华盛顿叫到面前，问道：“花园里这棵樱桃树怎么被砍倒了，是不是你干的？”

华盛顿立刻意识到，父亲是真的生气了，连忙站好，用愧疚的口吻说道：“爸爸，是我做错了，我是想试试我的斧子究竟锋利不锋利，所以砍倒了樱桃树，对不起。”他说完，就内疚地低下了头。

原本他以为，自己犯了这样大的错误，砍倒了爸爸最喜欢的樱桃树，父亲一定会狠狠地惩罚他。但是没想到，父亲竟然立刻把他抱了起来，说道：“虽然今天是你犯了错误，可是你诚恳的态度弥补了你今天犯下的错误。你要记住，一定要做一个注重诚信、诚实的人。还有，今后不要再砍树了。”

华盛顿听完之后用力地点了点头，后来，他果然如爸爸所愿，成为一个非常注重诚信的人。

故事微语

在每个人的成长阶段，我们会学习到很多优良品质和传统美德，诚信就是其中非常重要的一点。或许对于很多青少年朋友而言，诚信，就是诚实、守信。

就好像华盛顿那样，因为自己的顽皮砍倒了父亲最爱的樱桃树，但是面对父亲的严厉，他勇敢地承认错误，父亲不仅没有责罚他，反而夸奖他。诚实，就好比是一面镜子，能够让我们看清自己的内心。

在长大之后，诚信不仅仅是诚实守信，同样也包含着自觉遵守。

诚信是属于内心的美德，是一种高贵的品质，在我们这个人文社会之中，无论在哪个方面，都要讲究诚信。诚信是福，一个人只有讲诚信，才能赢得别人的赞赏、尊重和信任，才能够赢得自己成功的人生。

心灵箴言

遵守诺言就像保卫你的荣誉一样。

——[法] 巴尔扎克

信用既是无形的力量，也是无形的财富。

——[日] 松下幸之助

失足，你可以马上恢复站立；失信，你也许永难挽回。

——[美] 富兰克林

走正直诚实的生活道路，必定会有一个问心无愧的归宿。

——[苏联] 高尔基

良心是我们每个人心头的岗哨，它在那里值勤站岗，监视着我们别做出违法的事情来。

——[英] 毛姆

活在不抱怨的世界

故事话题

创建雀巢公司的亨利•内斯特莱曾经只是一名非常普通的药剂师，可是一位农民的一席话却改变了他的人生：

有一年，他工作地区的农村遭遇了一次洪水的袭击，原本长势良好的庄稼都被洪水无情地毁掉，整个田地一片狼藉，惨不忍睹。有一天傍晚，亨利走到农田附近，却看到一位农民伯伯在田地里忙来忙去，他感到非常好奇，就走了过去。

“老人家——”亨利问道，“您这是在干什么啊？”

“我正在补种庄稼。”

亨利看了看老人家的脸庞，发现他干得非常卖力，就问道：“这场洪水真是太可恶了，将所有庄稼都毁了，我一个外人看着都觉得心疼，难道您不抱怨上帝吗？”

老人摇了摇头说：“抱怨是没有用的，更何况任何一件事情都有好坏两面，你别看洪水冲垮了我们的庄稼，可是也给我们带来了丰富的养料，到了明年，我敢保证我们这个地区的粮食一定会大丰收的！”

亨利没有想到，一个农民竟然能说出这样有哲理的话来，他深受教育，从此再也不抱怨自己工作的琐碎。后来在一次偶然的机会之中，亨利研究出了专门给婴儿吃的奶粉，最终成了一个非常成功的商人。这些全部都要归功于他从不抱怨的态度。

故事解析

抱怨，是我们每个人内心怨气的发泄，或许对于每个人而言，都会或多或少地去抱怨 ——抱怨生活、抱怨工作、抱怨家人、抱怨朋友。有人也曾经这样辩解过，抱怨不过就是生活压力的一种释放。

是的，我们在生活之中总是要选择一定的途径去排遣自己内心的不悦，或者生活的压力，但是选择的方式千万种，抱怨无疑是最不恰当的一种方式。

教导亨利的这名农民没有什么文化，更不懂得人生哲理，可他心里却非常清楚，在现实面前，抱怨解决不了任何问题，与其这样浪费时间，倒不如去寻找解决问题的方法。

抱怨，并不能真正排遣我们内心的苦闷，反而很有可能会因此而让我们更加无法认识到问题的本身，只能让我们沉浸在自己内心的负面情绪当中，无法走出来。所以，放下抱怨的心，让我们用积极的态度去面对生活里的种种，为自己的青春赢得一片喝彩。

故事穿越

曾经有人这样说过，“如果你研读马云的人生，在他人生前 37 年的时光里，他的人生就充斥着 2 个字——失败；而在 37 岁之后，他突然之间就飞黄腾达，其中，成功的秘诀就是四个字——永不抱怨！”

马云之所以能够面对失败，永不抱怨，同样也是从他人身上学到的，一位是名叫吕超的编剧，而另一位则是一位搞装修的高师傅。

马云曾经买过一套房子，而高师傅恰好就是给他装修的人。和很多家装修一样，马云首先和高师傅说自己想要的风格，由高师傅落实到实处上。而在选择建材方面，仍然是马云来拿主意。

其中有一批卫生间的墙砖和地砖，马云按照自己的喜好买好了，高师傅装好之后，马云却说自己不喜欢了，觉得这并非是自己想要的样子。高师傅听完之后，非常平静地说：“那你想要什么样的呢？”

马云一听，觉得是自己无理取闹了，如果重新修改，需要耽误很多功夫，于是连忙说道：“算了，既然当初就是我定了，我认了。”

可是高师傅却说：“不要凑合，这房子你要住好多年呢，装修可不像是买菜，你不喜欢，明天还能重新买，还是达到你满意为好。”

马云一听，觉得高师傅为人真是没得说。到了装修电视墙的时候，他又看了很多种装修方案，还是觉得并不是十分喜欢，于是就找到了自己学习绘画的同学，手绘出一套电视墙背景，不仅工料便宜，看上去还非常漂亮。高师傅连忙将这个方法记录到自己的电脑里，希望能够在今后的工作之中用得上。

这些点滴带给马云很大触动，他清醒地意识到，其实每个人在工作中都会碰到高师傅遭遇的问题，可是想要成功，就要学会不去抱怨，将时间花在进步上，而不是抱怨上，这就是马云最终走向成功的秘诀。

故事微语

马云经历过无数次的失败，甚至曾经也有人说他是不会成功的。可是马云从来都不抱怨命运的不公，最终他获得了成功。这并不仅仅是马云的智慧，同样也是装修师傅的智慧。

在现实生活中，我们会遇到各种不如意、不顺心的事情，那么如何去应对，正如同高师傅的做法，与其抱怨业主出尔反尔，倒不如努力去解决问题、不断学习，今后避免类似的事情发生。与其和客户不断扯皮，讨论谁对谁错，耽误时间，倒不如赶紧返工，抓紧时间。

随着生活节奏逐渐加快，每个人内心都会有压力——面对繁重琐碎的工作、拥堵的交通人流、问题重重的家庭生活；抱怨的确成了人们挂在嘴边的话，可是我们换个角度去思考问题，就会发现，其实问题并没有我们想得那般糟糕。

所以，请让自己活在不抱怨的世界之中，用积极的心态、正能量的角度去看待问题、解决问题，还给生活一个微笑吧。

心灵箴言

永不抱怨的人生态度才是第一位的。

——马云

把坏事当好事办，人生就只有快乐，没有抱怨。

——冯仑

人生是不公平的，习惯去接受它吧。请记住，永远都不要抱怨！

——[美] 比尔·盖茨

每个人都面临着挫折和失败的可能，这是我们每个人人生经历的一部分。

——柳传志

狮子如果能追上羚羊，它就生存，如果它跑不过羚羊，只能饿死。羚羊如果抱怨不公平，那青草——羚羊的“早餐”该向谁抱怨？羚羊还能跑，青草连逃跑的机会都没有！羚羊要想活下去，只有平时加强训练，提高奔跑的速度，让自己跑得更快，即使跑不过狮子，也要比其他羚羊跑得快，只有这样才能得以生存。

——任正非

在反省中成长

故事话题

相传在东吴时期，有一个叫作周处的人，在年轻的时候，他非常张扬，任意妄为，一度成为当地人心里的一大祸害。正巧当地传说还有两大祸害——义兴河内的蛟龙和深山之中的白虎，周处和这两种动物并称为“当地三害”。

有一天，有些百姓找到周处，对他说蛟龙和白虎肆意伤害当地百姓，大家都希望能够有勇士去杀死猛虎和蛟龙，能担任这个勇士称号的自然非周处莫属了。周处听闻之后，觉得是乡亲们看得起自己，二话不说，就跑到深山里杀死了猛虎，紧跟着又下海斩杀蛟龙。

经过了几天的厮杀，蛟龙不见了，周处也跟着不见了。当地的百姓以为周处也被蛟龙咬死了，或者是在海里被其他猛兽吃了。于是大家就聚在一起庆祝“当地三害”都被除了，今后他们的日子可就安定多了。

没想到，周处并没有死，恰好听到了这样一番话，这才知道，自己曾经的肆意妄为给乡亲们带来多么大的伤害。从这个时候开始，周处就在内心里暗暗发誓，一定要戒除掉曾经的那些毛病，成为一个对他人有用的人。

后来，周处云游四海，最终成为一名忠臣，流传千古。而他这段“周处除三害”也作为一段佳话流传下来。

三害

故事解析

正所谓"金无足赤，人无完人"，我们每个人的身上都会存在些许的不足、缺点。然而，想要真正成为一名成功者，我们首先就要学会如何反省自己。

李世民说："以铜为镜，可整衣冠；以人为镜，可照得失。"可见，在人的一生中，反省是不可缺少的一部分。

通过反省，我们能够认清自己的优点、缺点，能够让我们更加清醒地认识自己，并且给予自己一个合理的、客观的自我定位。

通过反省，我们能够认清自己的缺陷和失误，不仅能够促进我们的自我完善过程，同时还能够帮助我们积累人生经验，避免今后再犯类似的错误。

通过反省，我们更能够看清自己的人生轨迹，而不盲从。

反省，是我们人生一个无形的教师，能够让我们时刻提醒自己，人生道路多岔口，可是目标却在远方。

故事穿越

明朝著名的思想家、文学家、哲学家和军事家王阳明在官场上曾经遭遇过一次重创。当时他因为上书参劾宦官刘瑾，而被皇帝下令"去衣廷杖"，并贬黜到黔西南的龙场去工作。所谓"去衣廷杖"，就是脱光了衣服，当庭被杖刑。这种刑罚对于每一个儒家文人都是非常大的羞辱，而王阳明内心更是煎熬。

我们不难想象，他原本是为了为民谋利，却被奸人陷害，最终被夺去了功名，并且遭到了这种羞辱，王阳明的内心蒙上了一层阴影。

但是王阳明很快就走出了内心的阴影，这主要就是源自他的自省和思考。他开始思考，中国文人在经历了数千年的演变之后，文人在追求"内圣外王"和"穷则独善其身，达则兼济天下"之间如何达到一种平衡的关系？他在思考，一个

不受重视的文人究竟是要主张自己的内心，还是为了追求功名利禄而去阿谀奉承？

为了想明白这些问题，王阳明在龙场蛰伏，整日与野兽为伴，风餐露宿。在这种身处逆境的困惑之中，他备受艰辛，仍然不忘自己的人生思考。最终，王阳明通过自己的智慧，顿悟了这其中的关系，最终成为一位明朝著名的思想家。

故事微语

和很多读书人一样，王阳明最初的目标是做官、做一名为国为民的好官。然而当他遭遇挫折之后，他的反省不仅改变了他的人生道路，并且让他从一个官员成为了一名思想家、哲学家。

反省，不仅仅是反省自己的优点、缺点，同时也要在前进的途中不断反省自己的人生轨迹和调整方向。这一点对于每个人而言，都是至关重要的，在我们完成梦想的过程中，我们不可能保证自己所走的完全是一条捷径，很有可能会走很多弯路。这个时候，反省就好比是船的舵手一般，时刻指引着我们前行的真正方向。

心灵箴言

吾日三省吾身。

——孔子

知错就改，永远是不嫌迟的。

——[美] 莎士比亚

反躬自省是通向美德和上帝的途径。

——[英] 瓦茨

反省是一面镜子，它能将我们的错误清清楚楚地照出来，使我们有改正的机会。

——[德] 海涅

肩膀上的重量

故事话题

有这样一个真实的故事，农村男孩李勇自幼丧母，家中只有他、父亲和姐姐。为了让李勇读书，父亲整日忙于农耕。姐弟二人非常珍惜这来之不易的读书机会，成绩一直名列前茅。

又过了几年，姐姐以优异的成绩考上了中学，但是因为家里实在太困难了，她被迫辍学。而为了给弟弟凑学费，她只好远嫁到外地。

家里就剩下李勇和父亲相依为命。到了夏天，李勇上学路上必须经过的一条河流涨水，父亲为了送他上学，就背着他过河。在路上，父亲对李勇说："不管付出多大的艰辛，都要供你考上大学。"李勇懂事地点点头，更加奋发读书，并且在全国化学奥林匹克竞赛中夺得第三名的好成绩。后来，李勇考上了师范学校。

可是就在他兴高采烈地拿着录取通知书回家的时候，却得到了父亲在干农活的时候不幸摔伤、半身瘫痪的消息。

摆在李勇面前只有两条路——一个是将父亲托付给村子里的邻居，自己去上大学；另一条是放弃读书梦，在家里照顾父亲。

重病缠身的父亲不愿意让自己的疾病拖累孩子，竟然想到了自杀。幸好在关键时刻被李勇发现，看着父亲苍老的面容，想着父亲曾经为了送自己上学而背着自己上路，李勇做出了一个惊人之举，他决定背起爸爸上大学。最终，学校被李勇的故事所感动，给予他一定的帮助。最终，这个瘦弱的男孩背起了家庭的重担，勇敢地踏上人生征途。

故事解析

责任，这是每一个人都必须面对的。我们每个人都会有对家庭、对事业、对自己、对社会的责任，没有谁能够躲避这份肩膀上的重量。

勇于承担责任，同样也是我们需要培养的一种习惯，尤其是在我们成长的过程中，熟悉责任、知道责任，并且勇敢地承担起来。就好比李勇，他不过是一个学生，但是在生活压力和自己作为一个子女的责任面前，他选择了勇敢。

我们很难想象，这是一个不到二十岁男孩的肩膀需要承担的重任，可是他却以自己瘦弱的身躯、强大的内心扛在肩上。

正所谓，有权利就会有义务，有义务就会有责任。对他人负责，是我们对工作、对朋友、对亲情的态度，对自己负责，是我们对人生、对自己的态度。

故事穿越

著名导演张艺谋曾经拍摄过这样一部电影，叫作《一个都不能少》，讲述了一个山村教师代课的感人故事：

山村教师高老师因为老家的母亲生了重病，必须回老家去，为了照顾这些学生，村长找来年仅13岁的魏敏芝。她并没有什么深厚的知识，可是她却始终记得高老师对她的交代——一定要把学生看住，不要让这些家境贫困的学生辍学。

在山村里，常常有非常贫困的家庭因为交不上学费、或者是家里负担太重，而让学生辍学。可是魏敏芝却用自己的方法，让学生们天天在教室里读书。在上课时间，不让任何人带走学生。

学生之中有一个叫作张慧科的学生，因为家里欠债，不得不到城里去打工。魏敏芝得知这个消息之后，觉得自己愧对高老师的嘱托，就决定要用自己的能力去城里找回这名学生。

一个年仅13岁的孩子，第一次进城，遇到了很多困难，她四处打听张慧科的打工地点，最终在电视台的帮助下，找回了张慧科。而这所学校里学生们艰苦读书的精神也感动了很多好心人，他们纷纷向这个学校伸出了援助之手。

故事微语

在这个社会里，我们都要面临自己的责任，也要扛起自己的责任。

或许有的人会问，什么是责任？正如顾炎武所言：“天下兴亡，匹夫有责。”在国家危亡的时刻，责任，就变成了民族自尊，让许多勇敢的斗士拿起武器保家卫国。而在和平时期，我们的责任，就是用心努力工作、孝敬父母，将自己的生活、人生活得精彩，在自己的能力范围之内报效祖国。

纵观历史，有太多的人为了责任付出了一生的时间，甚至是宝贵的生命——诸葛亮“鞠躬尽瘁，死而后已”、刘胡兰“生得伟大，死得光荣”、大禹治水“三过家门而不入”……他们正是因为肩膀上的责任，而选择了牺牲小我。

毫不夸张地说，责任，是一朵风雨中傲然绽放的梅花，开在每个人的心中；责任，是一道璀璨的光芒，照亮每个人心底的黑暗。责任是永远推动历史进程、不断进取的滚滚车轮。所以，做一个有责任的人，勇敢地扛起肩膀上的重任，收获成功的人生。

心灵箴言

责任就是对自己要去做的事情有一种爱。

——[德] 歌德

我睡着时梦见生活是美人，我醒来时发现生活是责任。

——胡适

每天务必要做一点你所不愿意做的事情。这是一条宝贵的准则，它可以使你养成认真尽责的习惯。

——[美] 马克·吐温

用什么料，充什么菜。假如是一个萝卜，就力求做个水多肉脆的萝卜；假如是颗白菜，就力求做一颗瓷瓷实实的包心好白菜。

——杨绛

心灵榜样微史话

本杰明·富兰克林

本杰明·富兰克林，又叫作班哲明·富兰克林，是18世纪美国最伟大的科学家和发明家，著名的政治家、外交家、文学家、哲学家和航海家，以及美国独立战争的伟大领袖。

富兰克林家境贫寒，然而他从未放弃过学习，即便是他在一个小印刷厂里当印刷工人的时候，也从未间断过，并且用自己微薄的薪水买来各类图书开始阅读。而他在今后之所以能够取得巨大的成功，正是和阅读有着密不可分的关系。

1736年，富兰克林当选为宾夕法尼亚州议会秘书。在此之后，他更加努力读书，并且开始学习外语，先后掌握了法文、意大利文、西班牙语和拉丁语。

在美国独立战争时期，富兰克林作为北美殖民地代表到英国谈判，并且参与了《独立宣言》的起草工作。后来，他又极参与美国宪法的制定工作，并组织了反对奴役黑人的运动。可以说，他的一生都在为了自己的信仰而努力着，而这份努力也给了他最大的回报。

亚历山大·仲马

亚历山大·仲马，又被称作大仲马，是法国19世纪浪漫主义作家，其代表作品为《基督山伯爵》、《三个火枪手》等。在创作生涯中，大仲马非常重视和现实的结合，他的小说大都以真实的历史作背景，情节曲折生动，往往出人意料，被称作历史惊险小说。除此之外，他的小说结构清晰明朗，语言生动活泼，对话灵活机智，这些都成为大仲马小说的特色。大仲马也因而被后人美誉为“通俗小说之王”。

在1802年7月24日，大仲马出生于法国的维勒-科特莱，他从小就表现出非常高的文学天赋，早在十岁那一年，他便通读了英国作家笛福的冒险小说《鲁滨逊飘流记》、作家德姆斯吉埃写的有关神话的著作《给艾米莉的信》、法国作家费纳龙宣讲人情世故的小说《泰雷马克》。

后来，大仲马通过朋友开始学习意大利语和德语，开始翻译意大利作家乌戈·弗斯科洛的小说《雅可波·奥尔蒂的最后几封书信》。从此，走上了文学道路。

爱因斯坦

阿尔伯特·爱因斯坦，著名的德国物理学家。是相对论的奠基者，更是 2 世纪两位最重要的物理学家之一。

1879 年，爱因斯坦出生于德国乌尔姆市的一个犹太人家庭，在 1900 年，他顺利从苏黎世联邦理工学院毕业。

1905 年，获苏黎世大学哲学博士学位，曾在伯尔尼专利局任职，并且担任苏黎世联邦理工学院的教授。

在 1913 年，他重新返回德国，并且担任了柏林威廉皇帝物理研究所所长和柏林洪堡大学教授，当选为普鲁士皇家科学院院士。

在 1933 年，爱因斯坦到了英国。在英国，他被格拉斯哥大学授予荣誉法学博士学位。由于当时受到纳粹政权的迫害，万般无奈之下，爱因斯坦只能脱离德国到美国，担任普林斯顿高等研究所教授，从事理论物理研究工作。

1940 年他写了一篇著名论文——《我不信仰一个人格化的神》。

1955 年 4 月 18 日，病逝于普林斯顿。

亨利·福特

亨利·福特，美国汽车工程师与企业家，福特汽车公司的创立者。

他也是世界上第一位使用流水线大批量生产汽车的人。这种大批量流水线的生产方式让汽车成为一种大众产品，而非是贵族专用，真正走进了民众生活之中。他不但革命了工业生产方式，而且对现代社会和文化产生了巨大的影响。

在美国学者麦克·哈特所著的《影响人类历史进程的 100 名人排行榜》一书中，亨利·福特成为唯一上榜的企业家。

正是因为亨利·福特的这些贡献，以及他对现代社会和文化的巨大影响，所以，有一些社会理论学家将这一段经济和社会历史称为“福特主义”。

1891 年，对于福特而言，是他人生之中一个非常重要的转折，因为在这一年，他成为爱迪生照明公司的一个工程师。1893 年，他晋升为主工程师，便开始对内燃机的研究。三年之后，他制造了他的第一辆汽车，他将它命名为“四轮车”。此后，他离开了爱迪生照明公司，专门从事汽车的研究和发展，最终达到了他在汽车王国里的成功。

约翰·肯尼迪

约翰·菲茨杰拉德·肯尼迪，通常被称作 约翰·F·肯尼迪、JFK 或杰克·肯尼迪， 是美国第 35 任总统，他的执政时间从 1961 年 1 月 20 日开始到 1963 年 11 月 22 日在达拉斯遇刺身亡为止。

肯尼迪在 1945 年到 1960 年期间，曾先后担任众议员和参议员，在 1960 年，他成功当选为美国总统，是当时美国历史上最年轻的当选总统。并且，肯尼迪也是美国历史上目前唯一信奉罗马天主教的总统和唯一获得普利策奖的总统。

曾经，有一家媒体评选出美国历任总统最受欢迎的程度，约翰·肯尼迪排名非常靠前，尽管被历史学家列在排名的中部偏上的位置，可是在民众之中，他一直被视为历史上最伟大的总统之一，在任期间是美国历史上获得支持率最高的总统。

他先后参与了猪湾事件、古巴导弹危机、柏林墙的建立、太空竞赛、越南战争的早期活动以及美国民权运动。正是通过这些政治举动，让肯尼迪得到了民众较高的支持。而他的遇刺事件，更是对美国历史的发展产生重大决定性影响的事件之一，因为这一事件之后的数十年中，它一直影响了美国政治的发展方向。

鲁班

鲁班，姓公输，名班，尊称公输子，东周鲁国人。因为他是鲁国人，又被称为鲁班或者鲁般。他是我国古代的一位出色的发明家，两千多年以来，他的名字和有关他的故事，一直在广大人民群众中流传。我国的土木工匠们都尊称他为祖师。

在劳动的过程中，鲁班充分开动智力，发明了包括木工工具、古代兵器、农业机具、仿生机械以及其他种类的发明，其中以锯子、鲁班尺、云梯、石磨等最为著名。

郭子仪

郭子仪，是唐代著名政治家、军事家。早年，郭子仪凭借在武将科举之中上榜从军，但一直没有得到重用。直到安史之乱爆发，他才被委以重任，并且成功平定了安史之乱。

在平定安史之乱之后，由于皇帝担心他功高盖主，便被解除兵权。公元 762 年，唐朝再次发生兵变，郭子仪再度挂帅，平定兵变。公元 763 年，仆固怀恩勾结吐蕃、回纥入侵，长安失陷。郭子仪三上战场，不仅收复长安，更击溃了吐蕃、回纥。自此之后，郭子仪成为唐朝一代名将。

晏殊

晏殊，字同叔，是北宋时期著名的词人、诗人、散文家，晏殊与其第七子晏几道，在当时北宋词坛上，被称为“大晏”和“小晏”。

晏殊年少成名，据说七岁的时候就能创作写诗，被称作“神童”，十四岁便入仕途，先后担任过众多要职，更是开创大办教育之先河。而在文学创作方面，更是以词著称，有《珠玉词》一百三十余首，风格含蓄婉丽，多表现诗酒生活和悠闲情致，与欧阳修并称“晏欧”。

鲁迅

鲁迅，是最伟大的无产阶级文学家、思想家、革命家之一，更是年轻人最为熟悉的革命斗士。原名周樟寿，后改名周树人。字豫亭，后改为豫才。他出身于封建家庭，原本一直接受的都是封建教育，在他的青年时代，他第一次接触到进化论、尼采超人哲学和托尔斯泰博爱思想，并且深受其影响。

鲁迅原在日本仙台医学院学医，后弃医从文，希望用以改变国民精神。在辛亥革命后，他担任南京临时政府和北京政府的教育部部员、佥事等职务，并且在北京大学、女子师范大学等高校兼职授课。

鲁迅在中国的价值非常重大，影响也极其深远，尤其是他对中国人精神的深刻反思、对黑暗的坚韧反抗，都曾经鼓舞着无数青年学生。

齐白石

齐白石，原名纯芝，字渭青，号兰亭。后改名璜，字濒生，号白石、白石山翁、老萍、饿叟、借山吟馆主者、寄萍堂上老人、三百石印富翁等。他是近现代中国最著名的绘画大师之一，是世界文化名人。最擅长绘画花鸟鱼虫、山水等，其笔墨雄浑滋润，色彩浓艳明快，造型简练生动，意境淳厚朴实，独具一格。曾担任中央美术学院名誉教授、中国美术家协会主席等职务。最著名的画作有《蛙声十里出山泉》、《墨虾》等。著有《白石诗草》、《白石老人自述》等著作。

齐白石出生于清朝末年，追随周之美为师学习雕花木工，对绘画感兴趣之后，先是临摹残本《芥子园》，后又拜民间艺人萧芗陔为师学画肖像。在成年之后，齐白石将自己的房屋自称“百梅书屋”，并在院内盖一小屋，名“借山吟馆”。致力于绘画、作诗。

正如毕加索所言：“齐白石真是中国了不起的一位画家！中国画师多神奇呀！齐白石用水墨画的鱼儿没有上色，却使人看到长河与游鱼。”

梁漱溟

梁漱溟，是中国著名的思想家、哲学家、教育家、爱国民主人士、社会活动家、著名学者、国学大师，在他的一生中，他主要研究人生问题和社会问题，是现代新儒家的早期代表人物之一，被誉为“中国最后一位儒家”。代表作品为《乡村建设理论》、《人心与人生》等。

梁漱溟出身于一个“世代诗礼仁宦”家庭，在少年时期，他深受父亲梁济的影响。到了青年时代，又一度崇拜康有为、梁启超的改良主义思想。后来在辛亥革命时期，他参加同盟会京津支部，曾热衷于社会主义，著《社会主义粹言》等册子，宣传废除私有财产制。直到 20 岁，他开始潜心于佛学研究，经过几年的沉潜反思，重兴追求社会理想的热情，又逐步转向了儒学。梁漱溟说：“我愿终身为华夏民族社会尽力，并愿使自己成为社会所永久信赖的一个人。”

成仿吾

成仿吾，原名灏，笔名石芳坞、厚生、澄实等，他是忠诚的共产主义战士、中国无产阶级革命家、“新文化运动”的代表、无产阶级教育家和社会科学家、文学家、翻译家。他在很小的时候留学日本，学成之后回国，开始从事反帝、反封建的革命文化活动，并且在上海建立了著名的革命文学团体创造社。

在抗日战争期间，他带领几千名青年学生奔赴敌后，创建华北联合大学，长期致力于宣传和捍卫马克思主义，并且倡导学生努力学习。他倡导革命文学，创作了许多作品，对推动我国革命的新文化运动起了重要作用。

在中华人民共和国成立之后，他先后担任中国人民大学副校长、校长、名誉校长，东北师范大学和山东大学校长等职，专心致力于教育事业。他知识广博，并且在长期的教育工作中了解教育的规律；他强调要结合各个历史时期的革命需要办学，并且要提倡实事求是和独创精神；他主张办适合中国国情有中国特色的教育，重视学生德智体全面发展。

林清玄

林清玄，当代著名作家、散文家、诗人、学者。曾用秦情、林大悲、林漓、林晚啼、晴轩、侠安、远亭等为笔名。他曾担任台湾地区《中国时报》海外版记者、《工商时报》经济记者、《时报杂志》主编等职务。

毫不夸张地说，他是台湾作家中最高产的一位，也是获得各类文学奖最多的一位，也被誉为“当代散文八大作家”之一。

他 17 岁开始发表作品、20 岁出版第一本书，在此之后他正式走上了文学之路，并且一发不可收拾。他的作品有报告文学、文艺评论、剧本等，最有成就的是散文创作。在他 30 岁前就已经得遍了台湾地区所有的文学大奖。

林清玄的作品曾多次被内地、中国台湾、中国香港选入中小学华语教本，也多次被选入大学国文选。

心灵修养用语微解

反省：是指检查自己的思想行为，查看自身的错误。也是“反省心理学”中的专业词汇，意思是指对自身过往心理活动的回忆。

尊严：指人和具有人性特征的事物，拥有应有的权利，并且这些权利被其他人和具有人性特征的事物所尊重。简而言之，尊严就是权利和人格被尊重。

主动：能够造成有利局面，使事情按照自己的意图进行（跟“被动”相对）；自愿地，自动地；说明语法上的主语所指示的人或物是执行动词所指示的动作的主动语态；有功的，有源的。

诚信：是一个道德范畴，更是公民的第二个“身份证”，是日常行为的诚实和正式交流的信用的合称。同时也指待人处事真诚、老实、讲信誉，言必信、行必果，一言九鼎，一诺千金的品德。

责任：对责任的理解通常可以分为两个意义。一方面是指分内应做的事，如职责、尽责任、岗位责任等。另一方面是指没有做好自己的工作，而应承担的不利后果或强制性义务。同时还包含着人类道德范畴中的责任。

勤勉：是指努力不懈、勤勉好学。在《荀子·富国》中有这样一句：“奸邪不作，盗贼不起，化善者勤勉矣。”而《清史稿·允礽传》中也写道：“臣当益加勤勉，谨保终始。”勤勉，不仅仅是指勤劳，同时也指以勤劳而自勉。

目标：射击、攻击或寻求的对象。柳青《铜墙铁壁》第一章：“人一乱跑开就坏了，正好成了扫射的目标。”想要达到的境界或目的。毛泽东《关于中华人民共和国宪法草案》：“我们的总目标，是为建设一个伟大的社会主义国家而奋斗。”

独立：指单独地站立，后被引申为指关系上不依附、不隶属。依靠自己的力量去做某事。独立是一个人必须学会的品质，无论是经济独立、生活独立，还是思想独立，这些都标志着一个人的成熟。当我们拥有了独立的能力，自然就会拥有独立的思想、独立的人格，这些对于人生都是至关重要的。

毛遂自荐：源自一个历史典故，后引申为自告奋勇、自我推荐。比喻自告奋勇，推荐自己担任某项工作。

思维模式：思维借以实现的形式。概念、判断、推理、证明是不同的思维形式。具有不同结构的判断形式、推理形式、证明形式也是不同的思维形式。

持之以恒：是指有恒心，持续不间断地努力。语出自清朝大臣曾国藩的《家训喻纪泽》：“尔之短处，在言语欠钝讷，举止欠端重，看书不能深入，而作文不能峥嵘。若能从此三事上下一番苦工，进之以猛，持之以恒，不过一二年，自尔精进而不觉。”持之以恒是一种精神，是一种意志的考验。

失败乃成功之母：“母”，先导，指善于从失败中吸取经验、教训。据考证，这个成语源于大禹治水的神话。这句话向我们阐述了一个人生真理——在我们的人生之中，总是会出现各种各样的失败，但是我们不应该惧怕失败，而是要从中吸取经验，避免下一次的失败。